建筑工程集成项目交付
研究与应用

马智亮　张东东　马健坤　李松阳　著

科学出版社

北　京

内 容 简 介

集成项目交付（integrated project delivery，IPD）是一种起源并发展于国外的新型建筑工程项目交付模式，其各参与方利益目标一致、收益共享、风险共担，以及要求各参与方早期参与设计的核心原则有助于解决我国当前建筑工程中由于设计变更造成的严重浪费现象。笔者所在研究组自 2010年以来针对 IPD 模式展开了大量研究工作，并在国家重点研发计划课题的支持下对相关研究成果进行了总结凝练，最终形成本书。

本书适合从事 IPD 模式及其协同工作相关理论及技术的研究人员以及建筑企业中相关项目管理人员阅读，也可供高等院校土木工程、工程管理等专业的学生及教师参考使用。

图书在版编目（CIP）数据

建筑工程集成项目交付研究与应用/马智亮等著. —北京：科学出版社，2022.8

ISBN 978-7-03-072834-0

Ⅰ．①物… Ⅱ．①马… Ⅲ．建筑工程－工程项目管理－研究 Ⅳ．①TU712.1

中国版本图书馆 CIP 数据核字（2022）第 140537 号

责任编辑：王　钰　杨　昕 / 责任校对：赵丽杰
责任印制：吕春珉 / 封面设计：东方人华平面设计部

科 学 出 版 社出版
北京东黄城根北街 16 号
邮政编码：100717
http://www.sciencep.com

北京中科印刷有限公司 印刷
科学出版社发行　各地新华书店经销
*
2022 年 8 月第 一 版　　开本：B5（720×1000）
2022 年 8 月第一次印刷　　印张：11 1/4
字数：226 000
定价：98.00 元
（如有印装质量问题，我社负责调换〈中科〉）
销售部电话 010-62136230　编辑部电话 010-62138978

前　言

工程项目交付模式决定工程项目各参与方的角色和责任，以及工程项目采购、设计、施工等各个阶段的执行框架，直接影响项目的进度、成本及整体目标的实现。

目前，国际上较成熟的工程项目交付模式有三种，即设计—招标—建造（design-bid-build，DBB）模式、风险型施工管理（construction manager at risk，CM at-Risk）模式及设计—建造（design-build，DB）模式；除此之外，还有设计—采购—施工（engineering-procurement-construction，EPC）模式和项目管理承包商（project management contractor，PMC）模式等。

在我国，现阶段使用较广泛的工程项目交付模式仍是传统的 DBB 模式。在该模式中，设计方和施工总包方作为主要参与方分别与建设方签订合同，各自向建设方负责，彼此之间相对独立；在实施流程方面，严格按照先设计、再招标、最后建造的顺序执行。

据国外学者统计，72%的工程项目超出预算，70%的项目工期滞后，大部分项目实际花费成本是其所需成本的两倍。从工程项目交付和管理的角度出发，之所以会产生这种浪费，很大程度上是由于工程项目的各参与方未能进行高效协同。一方面，这导致各参与方的工作成果未能充分吸收其他参与方的知识、经验与建议，进而得不到优化；另一方面，各参与方的工作成果未能得到有效协调，造成冲突，引发变更、返工、项目延期等后果。造成各参与方不能高效协同的原因又可以归结为以下两方面。

1）与传统项目交付模式的弊端有关。其一，DBB 模式先设计后施工的固有流程使整个项目中设计和施工泾渭分明，设计过程中不能充分考虑施工，容易造成施工阶段的返工及设计变更，从而拖慢项目进度，增加项目成本；其二，DBB模式各参与方与建设方之间各自签订独立合同，使得各参与方之间利益相对独立，各自追求自身目标，而非项目整体目标，从而很难达到密切协同合作的状态。

2）各参与方遵循各自的信息标准，不同参与方之间无法进行高效的信息集成与共享，即存在"信息孤岛"，导致各参与方无法基于集成的、统一的信息进行高效的协同。

近年来，在发达国家兴起的集成项目交付（integrated project delivery，IPD）模式为解决以上问题提供了可能。美国建筑师协会将 IPD 模式定义如下：一种将商业结构、系统、实践与人员集成至项目实施过程中，充分利用每个参与方的知识和远见，达到优化项目执行结果，提升项目对建设方的价值，在制造和建造等项目实施各个阶段中减少浪费和提高效率的目的的项目交付模式。IPD 模式通过合同的约束，将项目各参与方组成收益共享、风险共担的利益共同体，以确保各方目标一致，实现项目总体收益最大化；此外，它还要求项目主要参与方尽早参与项目，各方运用己方的知识和经验共同完成项目的设计，避免设计与施工脱节。在 IPD 模式下，各参与方能够信息共享，从而高效协同工作，为建筑工程减少浪费提供机遇。

由于缺少制度支持、理论指导和技术支撑等，IPD 模式尚未在我国落地和推广使用。为此，笔者所在研究组结合建筑信息模型（build information modeling，BIM）技术的应用，自 2010 年以来针对 IPD 模式展开了大量研究工作，并在"十三五"国家重点研发计划课题"绿色施工与智慧建造集成应用技术研究与示范"（课题编号：2016YFC00702107）的支持下对相关研究成果进行了总结凝练，形成了本书。

本书主要内容如下：第 1 章对现阶段我国建筑工程项目交付过程中存在的问题进行分析，提出利用 IPD 模式解决这些问题的可能性；第 2 章对 IPD 模式发展和应用情况进行系统性总结，为 IPD 模式本土化提供基础；第 3 章从宏观的角度建立 IPD 模式在我国建筑工程中应用的框架；第 4 章面向 IPD 模式在我国的落地实施，建立 IPD 项目实施模型，给出了在工程项目中实施 IPD 模式的具体方案；第 5 章针对 IPD 模式中各参与方利益分配问题，建立基于 IPD 消除设计变更的激励机制；第 6 章介绍笔者研发的基于 BIM 的 IPD 协同工作平台及其所涉及的关键技术；第 7 章从不同角度介绍 3 个 IPD 模式的应用案例；第 8 章对我国当前"互联网+"环境下 IPD 模式的发展进行展望，提出一种以 IPD 模式为核心交付方法的项目管理新模式。

笔者希望通过本书，在理论方面，对技术导向的集成项目交付模式发展演进提供思路；在实践方面，对集成项目交付模式在我国的落地推广及提升建筑工程多参与方协同工作效率提供指导。

中国建筑股份有限公司首席专家李云贵先生为本书提供了案例（即 7.3 节的案例），在此特表感谢。另外，在本书相关的研究中，北京城建集团有限责任公司总工程师李久林先生提供了宝贵的支持，在此一并表示感谢。

目　　录

第1章　绪　　论

工程项目交付模式确定工程项目各参与方的角色和责任，以及工程项目采购、设计、施工等各个阶段的执行框架，直接影响工程项目的进度、成本及整体目标的实现。本章对目前建筑工程中常见的项目交付模式进行介绍，并对我国现阶段建筑工程项目交付模式存在的问题进行分析，为后续章节介绍集成项目交付（integrated project delivery，IPD）模式，并为利用 IPD 模式解决我国现存问题奠定基础。

1.1　常见建筑工程项目交付模式

建筑产品的建造显然不是一家企业能够独立完成的，必然涉及多个参与方，从核心的建设方、总包方、设计方，到提供专业服务的专业分包、咨询，以及提供原材料的各供应商。为使众多参与方能够通力协作，充分发挥自身专业能力，为建设方提供最好的服务，建筑工程项目管理模式及项目管理发挥着基础作用。

美国建筑师协会（American Institute of Architects，AIA）的定义如下：工程项目交付是指将责任分配至组织或个人，使其提供设计、建造服务。工程项目管理是指协调设计与建造过程的手段。工程项目交付模式是工程项目管理的基础，其选择的合适与否直接体现为工程项目管理效率的高低，进而影响项目实施的效率与质量[1]。目前较为常见的建筑工程项目交付模式有 3 种，即设计—招标—建造（design-bid-build，DBB）模式、风险型施工管理（construction manager at risk，CM at-Risk）模式、设计—建造（design-build，DB）模式[1]，各模式介绍如下。

1.1.1　DBB 模式

DBB 模式是国内外常见的工程项目管理模式。在该模式下，建设方、设计方、总包方 3 个核心参与方参与到工程项目中。其中，设计方与总包方分别与建设方签订合同，并分别向建设方负责，各参与方之间的关系图如图 1.1 所示。

DBB 模式下工程项目实施流程图如图 1.2 所示。该流程分为 3 个阶段，3 个阶段中的活动线性进行，只有当前阶段结束后才能开始下一个阶段：设计阶段，在建设方的指导下，设计人员完成设计资料的准备工作，并在此基础上创建招标文件；招标阶段，向符合资质的承包商发标，各承包商准备投标资料并进行投标，最终最具竞争力的投标人获得该标（一般为价低者得标）；施工阶段，施工方进行施工组织设计并进行施工，设计方进行监督及技术支持，同时协调建设方与总包方、分包方之间的沟通。在施工过程中，如果总包方发现设计资料不全或对设计资料有疑问，则向设计方发送信息请求（request for information，RFI）；如果施工过程中，因为建设方的要求、设计错误、现场突发状况等需要改变初始的设计资料，则总包方需要向设计方发送变更通知单（change order，CO）进行设计变更。

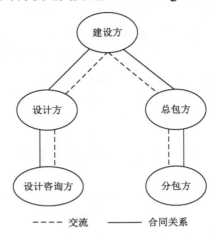

图 1.1　DBB 模式下各参与方之间的关系图

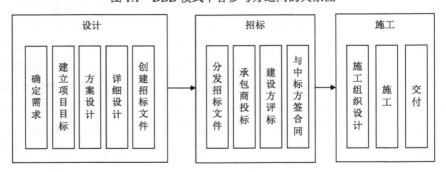

图 1.2　DBB 模式下工程项目实施流程图

　　DBB 模式的优点如下：该模式已在国内外得到广泛采用，管理方法成熟；各参与方之间的利益、责任划分明确，减少了潜在冲突的可能性；在实际开始建设前，设计资料已经完成，建设方能够确定工程造价[2]。

　　DBB 模式的缺点如下：设计与施工相对独立，要求设计方对项目的施工工艺充分了解，否则其设计出的方案很可能不满足实际施工要求，进而导致设计变更增多；在招标过程中，一般情况下是价低者得标，部分承包商会报低价中标，然后在施工过程中滥用变更，使项目成本反而更高；各参与方之间责任划分过于明确，导致各参与方仅为自身利益着想，而不考虑项目整体利益；各参与方之间相对独立，相互之间的沟通不畅，进而影响项目实施效率；由于采购均需在招投标之后进行，部分生产时间要求较长的构件、设备交付时间长，可能会延误项目的进度。

1.1.2 CM at-Risk 模式

CM at-Risk 模式主要涉及 4 个参与方，即建设方、设计方、代建方和分包方，其中设计方、代建方和分包方分别与建设方签订合同，并分别向建设方负责。各参与方之间的关系如图 1.3 所示。与 DBB 模式不同的是，代建方在设计开始时就已经确定并提供专业服务，设计方与代建方之间协同工作，以提升工程项目价值。

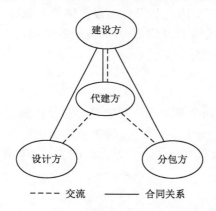

图 1.3 CM at-Risk 模式下各参与方之间的关系图

CM at-Risk 模式下工程项目实施流程图如图 1.4 所示。在该流程中，代建方为最重要的角色。在设计阶段，代建方基于自身专业知识提供专业服务，包括建立算量模型、为设计决策提供建议、审核可建造性、及时确定关键性的或供货时间较长的材料与设备的采购等；在设计阶段结束时，代建方需根据设计向建设方提交保证最高价格（guaranteed maximum price，GMP）；进入施工阶段，代建方需负责采购材料及确定分包方，然后组织各方进行施工；施工完成并交付后，根

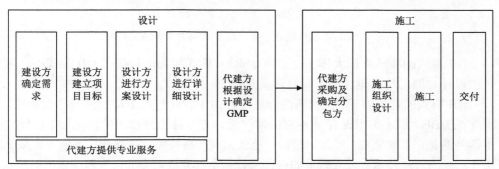

图 1.4 CM at-Risk 模式下工程项目实施流程图

据项目实际造价及之前提交的 GMP, 建设方与代建方进行利益分配。在该流程中,设计阶段与施工阶段并非严格地按照先后顺序进行,两者可根据实际情况有一定程度的重叠。

CM at-Risk 模式的优点如下[3]: GMP 是建设方与代建方在设计方案的基础上共同制定的,其制定标准并不是一味地压低造价,而是在有限的造价约束下使项目价值最大化;代建方提前参与设计,使设计更符合施工要求,减少后期施工变更;设计阶段与施工阶段的部分重叠可在一定程度上缩短工期。

CM at-Risk 模式的缺点如下:只有代建方参与设计,由于其经验、知识不可能覆盖所有专业及其细节,因此其设计阶段提供的专业服务可能有限;与 DBB 模式相比,CM at-Risk 模式确定的 GMP 并非竞争的产物,会导致 GMP 模式比 DBB 模式中竞标得到的项目造价更高一些。

1.1.3 DB 模式

DB 模式主要涉及两个参与方,即建设方和设计施工综合体。其中,设计施工综合体与建设方签订合同,对设计与施工整体负责,并保证质量、安全、工期、造价目标的实现[3]。DB 模式下各参与方之间的关系图如图 1.5 所示。

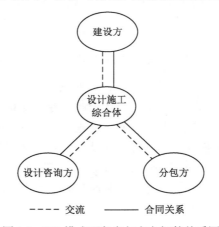

图 1.5　DB 模式下各参与方之间的关系图

DB 模式的实施流程大体上与 CM at-Risk 模式相同,只是在 DB 模式中,项目的设计与施工均由设计施工综合体负责。

DB 模式的优点如下[4]:权责界面单一,由于设计与施工均由同一单位负责,因此在 DBB、CM at-Risk 模式中常出现的设计方与施工方冲突的情况在 DB 模式中得到避免;工期缩短,设计、采购、施工无须严格按照顺序进行,各项工作按照快速路径的管理技术进行安排,如可在某设计全部完成前提前采购已确定的材料、设备;确保品质,除建设方外的所有项目实施方处于同一团队内,团队内各成员需保证本专业的工作质量，以创造最好的工程品质；降低建造成本，施工方在设计阶段协助设计，使设计能较早地考虑可施工性，进而可降低工程造价；激励创新，可在满足建设方需求的前提下，提供较宽的设计与施工空间，进而激励创新。

DB 模式的缺点如下：多采用邀请招标，与 DBB 模式采用的公开招标相比，竞争性更低；由于工程项目的更多决策权交给了设计施工综合体，因此建设方对于工程项目的控制能力较低；设计施工综合体选择施工方法时，更倾向于较便宜的方案，从而舍弃综合指标较优的方案。

1.2　我国建筑工程项目交付模式存在的问题

在我国，现阶段使用最广泛的建筑工程项目交付模式仍是传统的 DBB 模式。DBB 模式将建筑工程项目的责任和风险彻底分配给各参与方，导致各参与方专注己方经济收益最大化，甚至不惜以危害项目整体目标和牺牲其他参与方的经济利益为代价[5]。随着现代建筑物体量的增加和复杂程度的提高，这一模式越来越不能适应建筑工程项目对参与方之间通力合作完成任务的需求。美国劳工部 1964~2012 年近 50 年的统计资料显示，建筑行业的生产能力和生产效率持续下降，62%的项目成本超预算，40%的项目没有如期竣工，30%的项目没有满足建设方的使用需求[6-8]。

我国建筑工程项目使用 DBB 模式已经有三十多年的历史，DBB 模式在我国曾经帮助建设方取得降低工程建造成本和缩短工期的良好效果[9]。然而，随着我国建筑市场的发展，在 DBB 模式下，施工方彼此之间的竞争越来越激烈，主要体现为以尽力压低投标价的方式争取中标；同时，DBB 模式也使设计方在面对功能越来越复杂、设计指标越来越多且要求越来越高的设计任务时，设计费却增长很少[10]。施工方为了提高己方经济收益，逐渐形成了利用工程承包合同允许的设计变更获得额外经济利益的施工企业经营策略，在我国建筑市场上表现为"低报价，高索赔"的整体现状[11-12]。与设计任务不协调的偏低设计费迫使设计方在尽量短的时间内完成设计任务，这就导致设计方不但没有足够的资金，也没有充足的时间优化设计成果及提高设计成果的设计深度，进而为设计变更的发生埋下隐患[13]。同时，偏低的经济收益还阻碍了施工方和设计方的技术创新。设计方和施工方在经济收入上的窘境并没有给建设方带来额外的收益，技术规范约束之外的偏低设计质量及由其导致的各种施工问题，包括设计变更，经常使建设方陷入总投资额超预算和工期超计划的被动局面[14]。从我国建筑市场整体上看，在早期取得成功后，随着建设方、设计方和施工方等多方市场经营策略博弈的深入，DBB模式已使我国建筑市场进入一种多参与方共输的状态，这一点与美国的 DBB 模式应用效果是一致的。

我国建筑工程项目也曾尝试使用 CM at-Risk 模式和 DB 模式化解工程项目参与方之间的矛盾,虽然取得了一些效果,但是还没有彻底建立起工程参与方之间的互利共赢经济关系[15]。

1.3　我国建筑工程设计变更研究现状

建筑工程设计变更是指在施工合同履行过程中,由工程项目不同参与方提出、最终由设计方以设计变更或设计补充文件形式发出的工程变更指令[16]。在狭义上,设计变更是指在工程设计和施工过程中由设计方提出的变更请求;在工程施工过程中由施工方提出的变更请求通常称为工程洽商。习惯上将狭义的设计变更和工程洽商合称为工程变更,但是在《建设工程价款结算暂行办法》(2004 年 12 月,由财政部和建设部联合印发)中找不到工程变更的定义。其中,"工程设计变更"一词被用来泛指工程中发生的一切变更,并且在该规范中"设计变更"与"工程设计变更"两词同义,施工中发生的变更,即工程洽商,被归入"工程设计变更"条目之下。从实证角度分析,笔者收集了 22 份工程结算书,发现结算书只包含设计变更一个变更类别,所有具体变更条目都在设计变更类别之下,这与《建设工程价款结算暂行办法》规范一致。因此,本书使用的"设计变更"一词等价于工程设计变更和工程变更,并且包含工程洽商。

与其他在建筑工程项目上使用 DBB 模式的国家一样,我国建筑工程的一个主要问题是建造成本超预算,而发生在施工阶段的设计变更是导致建造成本超预算的主要原因[17]。因为设计变更发生时,部分工程已经完工或者已经完成材料购买和设备进场等准备工作,所以它们可能导致返工或者窝工,这会增加工程成本,降低工程质量和拖延工程进度;另外,为了提高质量或追赶进度也会进一步增加成本[18]。目前,我国关于如何解决设计变更问题的研究可以归纳为理论探索、管理工具研发和施工阶段管理控制研究 3 个主要方面。

1.3.1　解决设计变更的理论探索

在解决设计变更问题的理论探索方面,设计变更的成因、设计变更的审批制度、设计变更的评价与方案比选、设计变更的设计收费、设计变更的资料管理及统计分析、设计变更的影响和处理设计变更的业务流程等具体内容都得到了比较充分的研究。

以某大型商贸项目为例,范光远[19]站在施工总包方的角度对设计变更的成因进行了现象层面的分析,发现设计变更的发生与工程项目参与方经验、参与方在工程项目中扮演的技术专业角色和参与方之间的合作关系有关;针对已发现的设计变更现象层面成因,范光远设计了一个包含策略、方法和手段 3 个层次的施工总包方设计变更应对体系。

兰艇雁和佟博[20]经研究发现，不同类型的工程项目的设计变更成因有可能不同，他们重点分析了风电场建造项目，发现由于风电场占地面积广阔且设备场地分布稀疏，导致通过地质勘察获得足够精确的地质资料成本高、技术难和耗时长，从而地质缺陷成为风电场建造项目设计变更的主要原因。

钱慧宇[21]简要分析了公路工程施工过程中产生设计变更的一般原因。孙成相和孙运臣[22]经研究认为设计深度不足是公路工程建设项目设计变更的主要原因。

程士林[23]重点研究了水利工程，认为场地勘察不充分、设计深度不足和施工未严格遵守规范是设计变更的 3 个主要原因。

政府也是建筑工程项目的重要参与方之一，胡旭辉[24]对政府投资项目中的设计变更进行了研究，发现除了设计深度不足和施工未严格遵守规范等一般原因外，建设方代表和监理人员的贪腐行为也是导致本可以事先避免的潜在设计变更实际发生的重要原因。

闫桂彬[25]通过深入细致地研究政府投资项目中设计变更的审批制度，发现加强设计优化、严格规范招投标过程、重视图纸会审和收紧设计变更相关工程签证的发放是减少设计变更的 4 个有效办法。

张光飞[26]等利用工程实践经验提出了一种在公路工程项目上从工程技术经济学角度评价单项设计变更的方法。

为了控制设计变更对工程造价的影响，吴灿晏[27]建立了一个在多种设计变更修改方案之间进行比选的方法。

由于大部分设计变更不是由违反设计规范的设计错误引起的，设计方有理由对修改设计变更收费，因此商海航通过分析我国现行设计收费标准，确定了修改设计变更的收费计算方法[28]。

以设计变更通知单为代表的设计变更档案是建筑工程档案体系的一部分，具有重要的法律意义。柴绍东[29]分析我国设计变更档案管理现状，发现设计变更档案内容填写不完整、归档不及时和缺乏统一的档案管理是我国设计变更档案管理中存在的主要问题。针对这些问题，他提出一个涉及设计变更档案收集与设计变更内容整理的档案管理办法。

我国建筑工程信息化程度越来越高，建筑设计成果已经全部数字化，作为设计变更档案核心的设计变更通知单也应该数字化，莫罕省[30]基于企业信息管理平台将设计变更通知单数字化并开发了相应的管理功能。

建筑设计企业在内部信息管理平台上积累的设计变更相关数据是建筑设计企业的宝贵信息资源，合理地深度利用这些信息资源就可以提高企业竞争力，罗明[31]基于设计成果质量的评价指标体系建立了一个统计分析设计变更相关历史数据的方法，为设计企业提高设计成果质量提供了建议。

1.3.2 解决设计变更的管理工具研发

在解决设计变更问题的管理工具研发方面，研究者一般首先提炼和改进设计变更处理的传统业务流程，然后针对新的设计变更处理流程研发新的管理工具，有些新的设计变更处理流程本身就可以被看作新型管理工具。

建筑工程项目中设计变更的基本特点是数量大、种类繁多和涉及多个参与方，因而不可能一次性消除所有或大部分设计变更，循序渐进地消除设计变更的方案更具可行性。基于上述分析，通过借鉴和改造通用管理流程 PDCA，即 plan（计划）、do（执行）、check（检查）和 action（行动），针对现有研究成果已总结出的建筑工程设计变更的特点，刘蕾[32]构造了一个循序渐进地消除设计变更的方法。

建筑设计越来越复杂，必须由多个设计专业合作完成，多个设计专业之间通过事先约定的设计交接条件进行协同工作。桓现坤等[33]通过分析建筑设计流程，发现设计交接条件的设定和调整也是导致设计变更的重要因素，因此他提出一种通过消除多个设计专业之间设计交接条件内在冲突从而消除设计变更的管理办法。

对于大型房地产企业，设计变更的审核速度严重影响解决设计变更问题的速度，蒋健嵘[34]将每个设计变更的发生作为独立事件，通过借鉴和改造扩展事件驱动过程链（extended event-driven process chain，eEPC），建立了针对大型房地产企业的设计变更审核管理流程模型。

针对工程总承包项目，耿德全[35]设计了一个由包含建设方、设计方和施工方等全部项目参与方的设计变更控制系统组织机构和设计变更控制系统工作流程两部分组成的项目级设计变更控制系统。

1.3.3 解决设计变更的施工阶段管理控制研究

在解决设计变更问题的施工阶段管理控制研究方面，与设计变更相关的索赔和工程签证得到了比较充分的研究。

施工过程中的索赔问题一方面增加建设方的建造成本，另一方面阻碍施工方应收工程款的回收，从而造成建设方和施工方双方良好合作关系破裂的双输局面。吴凤平等[36]通过统计建筑工程项目中设计变更相关数据，发现由不可预见因素导致的设计变更仅占全部设计变更的 10%，而超过 50%的施工索赔是由设计变更引起的，他建议施工阶段成本管理的重心应该放在预防和消除设计变更上。

以索赔方式处理建筑工程项目的设计变更是一种比较激进的方式，相对于索赔这种激进的处理方式，以申请工程签证方式处理建筑工程项目的设计变更就是一种相对温和的处理方式。因此，通过对申请和批复工程签证一般性业务流程的分析，傅为华[37]提出了一个专门处理设计变更相关工程签证的标准业务流程。

建筑工程施工过程的复杂性导致设计变更的真实原因往往是复杂多变的，这与在设计变更相关理论研究中通过单纯的数据统计归纳得到的设计变更一般原因并不完全相同。杨希琴[38]沿着建筑工程项目执行全过程挖掘设计变更的深层原因，发现项目立项、勘察设计和施工图设计都为发生在施工阶段的设计变更埋下隐患，即设计变更的本质原因来自施工阶段的上游，而通过统计分析发现的仅仅是设计变更的表面原因。

导致设计变更的原因不是仅局限于施工阶段的施工方，而是与建筑工程项目自上而下的各个阶段及各个项目参与方都有或深或浅的关系。因此，为了更有效地消除设计变更，陈卫忠[39]针对施工总承包项目提出了一个协调各个项目参与方共同消除设计变更的方案。

我国建筑工程项目在 DBB 模式下使用工程量清单计价模式计算建造成本，设计变更对工程建造成本的影响最终会反映在工程结算书中。王文准[40]深入研究工程结算书后认为，重点审查设计变更引起的新增工程量是控制设计变更对建造成本影响的关键。

监理单位是建筑工程项目的重要参与方之一，处理设计变更同样需要监理单位的全程参与。王新华和戈宝平[41]研究了作为监理单位代表的监理工程师应该如何审核由设计变更引起的新增分部、分项工程，尤其是审核新增工程的综合单价。

公路是重要的交通基础设施之一，我国每年都要在公路工程项目上投入大量的建设资金。因此，李南西[42]专门研究了公路工程项目中设计变更的一般规律，并提出了基于公路工程施工图及施工图预算书审查设计变更的一般方法。

建设—转让（build-transfer，BT）模式相对于 DBB 模式更适用于大型公共基础设计建设工程，使用 BT 模式的地铁建设工程项目的设计变更严重影响项目建造成本。丁波[43]通过对深圳地铁 5 号线工程的案例研究，提出了一个针对 BT 模式的地铁工程的设计变更管理方案。

1.3.4 我国设计变更研究现状总结

综上所述，可以发现我国建筑工程项目一般采取被动方式处理设计变更，即在设计变更发生后再采取各种措施处理设计变更，这种被动处理设计变更的方式不仅会破坏项目参与方之间的合作关系，更重要的是不能有效地减少浪费，从而节约建造成本。显然，如果能够主动地在施工开始前预知潜在设计变更并消除那些可能导致潜在设计变更发生的因素，那么就能真正地实现减少浪费从而节约建造成本的目标。

本 章 小 结

我国常使用的建筑工程项目管理模式是传统的 DBB 模式，它具有各参与方利益目标不一致及设计和施工过程割裂的弊端，导致大量的设计变更成为建筑工程施工中的常态，是造成建筑工程项目成本超预算的主要原因之一。现阶段研究中对于消除设计变更多采用被动式的方式，但这并不能真正有效减少浪费。

　　笔者认为，从事后处理设计变更向主动式的事前预防潜在设计变更的转变需要从工程项目交付模式的层面来进行，并需要清除两个障碍，即 DBB 模式的两个弊端：第一个是由 DBB 模式决定的参与方进入工程项目的时机，具体来说就是施工方和各类专业分包方在招投标阶段结束后才实质性地参与建筑工程项目中，这严重阻碍了他们利用己方的专业知识和经验提早发现设计方案可能隐藏的导致设计变更的问题；第二个是由 DBB 模式决定的项目各参与方的获利方式，这些获利方式体现为由各种工程合同约定的奖励、惩罚或者补偿参与方的规则，具体来说就是在 DBB 模式下施工方只能通过真实发生的工程量而获利，设计方面对固定的设计费一般不会主动追求高于市场平均水平的更高设计质量，这导致施工方和设计方没有最根本的经济动机去发现和消除潜在设计变更。

　　IPD 模式是一种起源于发达国家的新兴工程项目交付模式，其典型特征为工程项目各参与方均以实现项目总体利益最大化为目标，收益共享，风险共担，以及关键参与方早期参与设计，这恰好弥补了传统 DBB 模式的弊端，为主动式消除设计变更、减少浪费创造了条件。

参 考 文 献

[1] EASTMAN C, TEICHOLZ P, SACKS R, et al. BIM handbook: a guide to building information modeling for owners, managers, designers, engineers and contractors [M]. New Jersey:Wiley Publishing, 2008.

[2] 刘祉妤. 国内建筑工程项目管理模式研究[D]. 大连：大连海事大学，2013.

[3] 中华人民共和国建设部. 关于培育发展工程总承包和工程项目管理企业的指导意见[J]. 建筑经济，2003(3): 8-9.

[4] 夏波. DB 模式应用的问题与对策研究[D]. 杭州：浙江大学，2006.

[5] SMITH R E, MOSSMAN A, EMMITT S. Editorial: lean and integrated project delivery special issue [J]. Lean Construction Journal, 2011: 1-16.

[6] KENT D C, BECERIK-GERBER B. Understanding construction industry experience and attitudes toward integrated project delivery [J]. Journal of Construction Engineering and Management, 2010, 136(8): 815-825.

[7] PENA-MORA F, LI M. Dynamic planning and control methodology for design/build fast-track construction project [J]. Journal of Construction Engineering and Management, 2001, 127(1): 1-17.

[8] WOOD P, DUFFIELD C F. In pursuit of additional value–a benchmarking study into alliancing in the Australian public sector [M]. Melbourne, Australia: The University of Melbourne, 2009

[9] 范建亭. 国内工程招投标研究现状述评[J]. 经济问题探索，2012 (9): 141-146.

[10] 孙荣海. 建设工程招投标现状及其发展趋势[J]. 中国招标，2009 (31): 6-8

[11] 宋吉荣. 工程量清单计价模式下招投标理论与方法研究[D]. 重庆：西南交通大学，2007.

[12] 王森波，孙贤林. 试论工程招投标中合理低价问题[J]. 中南财经政法大学学报，2004 (2): 96-99.

[13] 邓惠琴. 建设工程招投标制度的弊端分析[J]. 山西建筑，2004 (1): 99-100.

[14] 侯晓明，张同亿，许迎新. 建筑工程设计招投标存在的问题及对策研究[J]. 工程建设与设计，2013 (9): 151-154.

[15] 林乃善. 政府公共工程项目招投标监管效果影响因素实证研究[D]. 重庆：西南交通大学，2011.

[16] 方俊. 建设项目工程变更控制研究[D]. 重庆：重庆大学，2005.

[17] 李晶. 基于工程量清单计价的工程变更对工程造价的影响研究[D]. 济南：山东大学，2012.

[18] 张金辉. 工程变更对工程结算影响转导机理研究[D]. 天津：天津理工大学，2010.

[19] 范光远. 施工总承包方大型商贸项目设计变更管理研究[D]. 哈尔滨：哈尔滨工业大学，2013.

[20] 兰艇雁，佟博. 地质缺陷是风电场设计变更的主要原因[J]. 风能，2012 (9): 70-74.

[21] 钱慧宇. 公路工程施工过程中设计变更产生的原因与对策[J]. 门窗，2013(12): 158

[22] 孙成相，孙运臣. 公路建设项目设计变更的管理及控制[J]. 交通企业管理，2012, 27(1): 54-56.

[23] 程士林. 水利施工工程设计变更的特点和管理方法[J]. 江西建材，2014 (24): 140.

[24] 胡旭辉. 对政府投资项目设计变更管理的几点思考[J]. 浙江建筑，2011, 28(2): 63-66.

[25] 闫桂彬. 加强政府投资工程设计变更管理，有效控制工程造价[J]. 现代经济信息，2011(9): 199.

[26] 张光飞，肖玲，徐仲平. 白鹤滩水电站葫白公路设计变更技术经济评价[J]. 人民长江，2013, 44(11): 108-110.

[27] 吴灿晏. 设计变更方案比选与造价控制[J]. 福建建筑，2010(2): 135-136.

[28] 商海航. 设计变更的管理及修改设计费计取[J]. 建筑设计管理，2008 (4): 12-15.

[29] 柴绍东. 工程设计变更档案的管理[J]. 工程与建设，2006, 20(4): 402-404.

[30] 莫罕省. 数据化的《设计变更通知单》[J]. 科技致富向导，2014 (18): 239.

[31] 罗明. 设计变更统计分析为质量改进指出方向[J]. 中国勘察设计，2011 (7): 64-67.

[32] 刘蕾. PDCA 循环在现场设计变更中的应用[J]. 四川建筑，2009, 39(3): 266-267.

[33] 桓现坤，郝增学，魏建. 设计变更中的设计条件交接因素分析[J]. 化工设计，2011, 21(4): 13-15.

[34] 蒋健嵘. 基于 eEPC 的设计变更审核管理流程模型[J]. 江苏科技信息，2014 (22): 112-113.

[35] 耿德全. EPC 项目设计变更控制系统设计[J]. 有色冶金设计与研究，2009, 30(4): 48-51.

[36] 吴凤平，曾伟强，王文萱. 建筑工程设计变更与施工索赔问题的探讨[J]. 基建优化，2007 (5): 42-44.

[37] 傅为华. 加强设计变更和现场签证的造价管理探析[J]. 四川建筑科学研究，2007, 33(1): 205-207.

[38] 杨希琴. 建设项目设计变更与现场签证管理对策研究[J]. 建筑设计管理，2010, 27(1):14-16.

[39] 陈卫忠. 在施工项目总承包中对设计变更协调方法的探讨[J]. 科技资讯，2006(24): 97-98.

[40] 王文准. 清单计价模式下对设计变更部分结算的审查[J]. 广东水利水电，2008 (4): 71-72.

[41] 王新华，戈宝平. 监理工程师如何审核设计变更引起的"新增工程"单价[J]. 建设监理，2005 (5): 20-21.

[42] 李南西. 公路工程设计变更施工图预算审查方法探讨[J]. 工程经济，2015(2):103-107.

[43] 丁波. BT 模式下地铁工程设计变更管理探索与实践[J]. 中国招标，2011 (39): 27-30.

第 2 章　IPD 模式发展及应用概述

IPD 模式是一种起源于发达国家的先进的工程项目交付模式，它为解决我国传统工程项目交付模式中存在的问题、消除设计变更、减少浪费提供了可能。本章从 IPD 模式在国外的发展和应用情况出发，对 IPD 模式的发展历程、基本概念、核心原则、合同架构、实施流程及实施方法进行介绍。由于 IPD 模式下需要工程项目各参与方密切协同工作，这离不开协同工作平台的支持，因此本章还对现有工程项目协同工作平台的研究与应用现状进行综述。

2.1　IPD 模式发展历程

早在 1988 年，美国陆军工程部为了消除因工程建造费用结算而引起的纠纷，以建设方的身份创造性地将施工方纳入设计阶段的工作中，这标志着 IPD 模式的诞生，施工方参与到设计阶段也就成为 IPD 模式重要的核心特征之一[1]。

1992 年，英国北海石油钻井平台项目因自身在施工技术上的高度复杂性和建造成本上的高度不确定性，迫使英国石油（British Petroleum，BP）公司无法使用 DBB 模式而不得不针对项目特性采用某种新的项目交付模式，于是选择了 IPD 模式，它不但要求施工方进入设计阶段帮助设计方优化设计，还要求所有项目参与方共同承担项目可能带来的经济损失，同时也承诺与全部参与方分享项目节省的资金，这进一步充实了 IPD 模式的内涵。

作为 IPD 模式核心特征之一的风险共担和利益共享，很快成为使用 IPD 模式必须坚持的原则之一，该原则恰好满足高风险性建设项目的需求，于是澳大利亚的石油和天然气项目从 1994 年开始大量使用 IPD 模式，并发展出一套较完整的关于项目参与方选择和 IPD 项目组织机构建立的方法[2]。随着 IPD 模式的进一步完善，澳大利亚开始将 IPD 模式应用于风险较低的普通建筑工程项目中，1997 年，IPD 模式在澳大利亚国家博物馆项目上取得成功，极大地扩展了 IPD 模式的应用范围。

通过借鉴吸收英国和澳大利亚在使用 IPD 模式方面的成功经验，引入精益建造理论包含的具体管理方法，2003 年美国在加利福尼亚州萨特郡综合医疗项目上首次全面使用 IPD 模式。在该医疗项目上，不同技术专业的参与方联合在一起，共同为彻底实现建设方的项目目标而奋斗。虽然按照如今的 IPD 模式执行状况评价，它更像 DB 模式，但是它当时已经具备了 IPD 模式的两个核心特征，即一方面所有项目参与方在项目早期的策划阶段就参与到项目中，另一方面全部项目参与方在项目策划阶段承诺共同分担该项目潜在的超预算成本，并最终在项目结算时共同分享项目节约的资金[3]。

Asmar 和 Hanna、Boodai 和 Hanna 通过横向比较方式分析了 10 个使用 IPD 模式的项目、7 个使用 DBB 模式的项目、5 个使用 DB 模式的项目和 13 个使用 CM at-Risk 模式的项目，总计 35 个美国工程实例，发现 IPD 模式不仅能提高工程质量、加快工程进度，而且能消除绝大多数的工程设计变更。

迄今为止，IPD 模式已经发展成一种定义清晰并拥有一套完整的专用合同体系的建筑项目交付模式。英国咨询建筑师协会（Association of Consultant Architects，ACA）首先将 IPD 模式定义为在充分兼顾建设工程项目各参与方利益、相互信任和资源共享的基础上，建设方与项目各参与方达成协议，确定建设工程项目共同目标，通过建立共同工作小组加强协同工作，及时沟通工程信息，以避免各种争议和法律诉讼的发生，合作解决建设工程项目实施过程中可能出现的所有问题，共同分担项目经济风险并共享项目最终收益，从而确保所有工程项目参与方获得满意的经济利益的一种工程项目管理模式[4]。澳大利亚维多利亚州政府将 IPD 模式定义为一种建设方单位与所有非建设方全程协作完成固定资产投资建设任务，全体工程项目参与方在话语权平等的资金分配框架下共同对工程项目的整体目标和失败的风险负责的工程项目交付模式。AIA、美国总承包商协会、美国建造管理协会等美国建筑行业协会也都相继发布了自己对 IPD 的定义。各国相关权威部门发布 IPD 模式的定义即意味着 IPD 模式的正式形成。

2.2　IPD 的基本概念

根据 2003 年 Kent 和 Becerik-Genber[5]的问卷调查结果，被业内广泛接受的 IPD 的定义是 AIA 在其 2007 年发布的 IPD 指导手册中给出的。AIA 将 IPD 定义如下：一种将商业结构、系统、实践与人员集成至项目实施过程中，充分利用每个项目参与方的知识和远见，达到优化项目执行结果、提升项目对于建设方的价值、在制造和建造等项目实施各个阶段中减少浪费和提高效率的目的的项目交付模式。

采用 IPD 模式的工程项目称为 IPD 项目。相较于传统工程项目，在 IPD 项目中，各参与方在 IPD 合同的约束与激励下，以工程项目整体利益最大化为目标，充分交流、密切协作。在执行效果上，IPD 模式可提升项目价值，大大减少出现各类风险（如专业间冲突、返工、变更等）的可能性，有力地保证工程项目目标的实现。根据 Kent 和 Becerik-Genber[5]的研究，在其调查的 IPD 项目中，70.3% 的项目节约了成本，59.4% 的项目成功地缩短了工期。对于大型、复杂的工程项目，IPD 模式的优势尤为明显。

2.3　IPD 项目核心原则

IPD 项目核心原则包括：工程项目各参与方要互相尊重与信任，各参与方之间利益共享、风险共担，各参与方要协同创新与决策，关键参与方早期介入项目，早期确定工程项目整体与分项目标，加强计划制订与管理，各参与方之间的交流要具有开放性，工程项目应选用先进的技术，分层级的组织与领导关系。

在 IPD 项目中，各参与方组成一个整体团队，共同为团队的目标与价值负责。项目吸收各参与方代表组成项目决策委员会，各参与方平等地参与决策。该委员会在进行项目管理、重大决策、纠纷处理时，有效地吸收各方建议，平衡各方利益，使做出的决策更加优化，各方之间的利益冲突得到有效化解。

荷兰的 Volker 和 Klein[6]，美国的 Leicht 等[7]、Rahman 和 Kumaraswany[8]，中国香港的 Dey[9]，中国的徐韫玺等[10]多位学者也在自己的研究中确认 IPD 项目完全具有或者部分具有上述特征。

2.4　IPD 项目合同架构

IPD 项目中存在多种法律架构（legal structure），这些法律架构由相应的合同进行规定。法律架构是 IPD 项目实施的基础，它从根本上决定了 IPD 项目各参与方之间的关系、合作形式及利益风险分配方法，在实施 IPD 项目时需要根据实际情况灵活选择。目前 IPD 项目常见的法律架构按照集成度由低到高可分为三种，分别为多个独立合同（multiple independent contracts）、单个多方合同（single multi-party contract）和单一目的实体（single purpose entity，SPE）。下面分别对这三种架构进行简要介绍。

2.4.1　多个独立合同

与传统工程项目类似，建设方分别与设计方、总包方、分包方、供应商等签订独立的合同，各合同条款体现 IPD 项目实施的基本原则。AIA 提供相应的标准合同样板：A195—2008 用于约定 IPD 项目中建设方与总包方之间的关系；B195—2008 用于约定 IPD 项目中建设方与设计方之间的关系；A295—2008 用于约定 IPD 项目中建设方与除设计方和总包方之外的其他参与方之间的关系。多个独立合同架构图如图 2.1 所示。

在该架构下，各参与方进行各自专业范围内的工作。各参与方代表定期举行会议，协调各专业之间的工作。由于各参与方均独立地与建设方签订合同，因此各参与方的利益关系不强，不利于协同工作的开展。为此，在此法律架构下，建设方建立利益池（profit pool），将各参与方的一部分利益放入该池中，项目结束后，各参与方从该池中获取利益的多寡直接取决于项目整体收益。

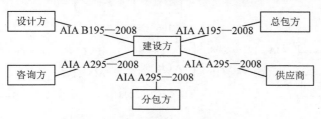

图 2.1　多个独立合同架构图

2.4.2　单个多方合同

建设方、设计方、总包方等核心参与方共同签订一份多方合同，该合同约定各参与方之间的权利义务关系，以及建设方向各参与方的支付模式。该法律架构下的标准合同包括 AIA 提供的 C191—2009、精益建造协会发布的 ConsensusDocs 300、加拿大精益领导力组织发布的综合协议形式（integrated form of agreement，IFOA）。

在该架构下，合同的签订方共同建立项目管理委员会，负责项目的日常管理工作。同样地，各参与方将一部分收益放到收益池中以实现利益共享，风险共担。单个多方合同架构图如图 2.2 所示。

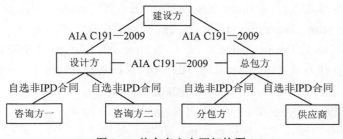

图 2.2　单个多方合同架构图

2.4.3　单一目的实体合同

除建设方之外的多个参与方之间签订合同成立合资公司，即单一目的实体，约定公司内部各参与方之间的权利义务关系。成立该公司的目的是完成项目的设计与施工工作。该公司作为一个整体与建设方签订合同，明确建设方与该公司之间的权利义务关系。该法律架构下的 AIA 发布的标准合同包括 C195—2008，用于约定组建合资公司的相关事宜；C196—2008，用于约定建设方与合资公司的关系；C197—2008、C198—2008、C199—2008 用于约定合资公司与内部各参与方之间的关系。单一目的实体合同架构图如图 2.3 所示。

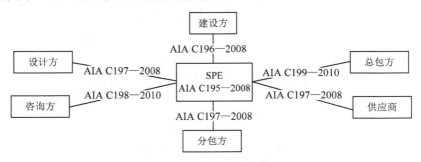

图 2.3 单一目的实体合同架构图

在该架构下，合资公司作为整体向建设方负责。如果合资公司中任意一方违约，则其他参与方需连带承担相关责任。合资公司的管理团队由各参与方代表共同组成，公司的整体营收与亏损按照合同约定比例分配至合资公司的各参与方。

2.5 IPD 项目实施流程

在实际过程中，IPD 项目的实施流程随项目的不同而不同。2007 年，AIA 针对各参与方集成度最高的单一目的实体合同架构发布了 IPD 指南，提出 IPD 项目典型实施流程。该流程将项目实施分为 8 个阶段，包括概念设计（conceptualization design）、评价准则设计（criteria design）、详细设计（detailed design）、施工文件设计（construction documents design）、（政府的）机构审查（agency review）、采买（buyout）、施工（construction）、竣工（closeout）。通过这 8 个阶段，IPD 项目参与方解决了有关项目的 4 个问题，即谁来建（who）、建什么（what）、怎么建（how）及具体实现（realize）。各阶段完成的任务如下。

1）概念设计：从宏观上初步确定 what、who 及 how。

2）评价准则设计：项目初步成形，几项主要指标被评价、测试及确定。

3）详细设计：完全确定 what，与传统项目相比，施工图阶段的很多任务被提前到详细设计阶段来做。

4）施工文件设计：在已经确定的 what 基础上，设计方会同总包方、分包方、供应商等共同确定 how。

5）（政府的）机构审查：在理想状态下，在前 4 个阶段，政府评审人员已经深入介入项目中以跟踪项目实施，因此该阶段的工作量较传统项目大大减少。

6）采买：供应商已经参与到前面几个项目中，部分已经确定好的定制、供货周期长的材料在前几个阶段已进行了采买，本阶段主要采买尚未采购过的材料。

7）施工：由于总包方、分包方的深度参与，建造相关的所有问题基本上已在

1）～4）阶段得到解决；相应地，在建造过程中，由于设计信息不全面、错误等导致的变更、工期拖延等情况大大减少。施工过程中，施工方将更多的精力放在质量与造价控制上。

8）竣工：交付项目，根据项目收益及合同条款的约定，完成对各参与方的支付。

IPD 指南还从信息提交与各参与方责任两个方面对各阶段进行了更详细的描述，限于篇幅，这里不展开介绍。

与传统工程项目相比，在 IPD 项目中，由于各参与方已在项目早期参与进来，很多工作较传统工程项目也尽可能提前完成。在建筑工程项目中，在项目前期阶段进行修改与调整较后期阶段更容易，且产生的成本浪费也要小于后期阶段。与传统工程项目相比，IPD 项目在降低成本、提高效率方面有较大的优势。当然，在 IPD 项目中，设计阶段要完成的成果比传统工程项目更多、更细，导致 IPD 项目的设计时间要长于传统工程项目，但是施工工期要短于传统工程项目。就总工期来看，根据对已实施项目案例的统计，59.4%的工程项目成功缩短了工期[6]。

2.6　IPD 项目实施方法

IPD 项目并未对实施方法做出严格的规定。从理论上来说，如果一个工程项目在合同上、实施上体现了 IPD 项目实施原则，则可称为一个 IPD 项目。但是，行业协会、研究组织、工程企业经过探索，逐步形成了一套实施 IPD 项目的有效方法，总结如下。

2.6.1　大屋

IPD 项目要求各参与方从参与项目开始，至项目结束，必须始终在统一的工作地点进行项目相关的工作，以保证各参与方之间的协同效率。这个统一的工作地点称为大屋（big room）。大屋既是各参与方交流的场所，也是各参与方工作的场所[10-17]。大屋具有如下特点。

1）可移动工位：IPD 项目的任务由各参与方抽调合适人员组成的跨职能实施小组（cross functional team）完成，处于同一实施小组的人员在实施该任务时，其工位集中在一起，便于随时进行讨论交流。

2）信息展示墙：大屋四周的墙面用于张贴项目各个方面、层次的信息，包括项目计划、项目指标、成本信息、设计想法、产品信息、碰撞检查发现的问题、可持续性信息等。其目的是使大屋中的每一个人都能了解项目整体、本实施小组、其他实施小组的最新状态，以引导每个项目参与人员在进行各自工作时能考虑项目整体价值，同时营造一种信息公开、密切协作的良好氛围。

3）大、小会议室：用于召开不同规模的会议，如项目全体会议、实施小组内部会议等。

4）电子白板（smart board）：用于展示各类电子文件，如图纸、建筑信息模型（building information modeling，BIM）等，以支持各参与方基于这些文件进行讨论。

5）计划墙：用于支持各参与方共同制订项目计划，各实施小组负责人以贴标签的形式向计划墙张贴任务标签，讨论任务之间的依赖关系，确定任务顺序与执行时间，最终制订项目计划。

2.6.2　项目成员之间的交流

项目成员之间高效的协同工作依赖于顺畅、开放的交流。交流分为两种形式，即同步交流与异步交流。其中，同步交流是实时进行的，参与交流的人员可以立刻得到对方的反馈，其方法包括面对面交流、会议、视频会议、电话、即时消息等；而异步交流是非实时的，即交流人员不能马上得到对方的反馈[8]。就交流效率来说，同步交流的效率要高于异步交流。

在 IPD 项目中，由于各参与方均在大屋中，因此相应的交流也以同步交流为主。同步交流主要采用两种方法，即面对面交流与会议。其中，当项目实施人员遇到困难，需要其他参与方人员的帮助时，可以立刻在大屋中与其进行讨论，获得相关信息，以克服当前困难。利用该方法，很多跨专业的小问题均可有效地得到快速解决，对于提高协同工作效率大有裨益。

相对于传统项目，IPD 项目的会议频率大大提高，会议类型一般包括管理团队例会、项目团队全体例会、实施小组内部例会及针对特殊情况的专题会议。其中，管理团队例会一般一周开一次，项目管理人员就项目执行过程中遇到的问题进行讨论并确定解决方案；项目团队全体例会一般一周或两周开一次，项目团队全体成员就项目的计划、成本、质量等进行讨论并提出优化建议，使项目能够吸收全体成员的知识与经验并进行优化；实施小组内部例会一般每天开一次，小组内部成员就当天工作中出现的问题、完成的任务，以及下一步计划进行讨论，加强小组内部成员之间的交流，及时解决工作中出现的问题。

2.6.3　末位计划系统

末位计划系统（last planning system，LPS）是精益建造中的一种方法。该方法起源于 20 世纪 90 年代的美国，它不但是一种计划制订方法，更是一种项目计划与控制的操作系统。如图 2.4 所示，该系统利用"拉式"方法制订分层计划，确保计划实施的前提条件都已具备。在实施过程中，一线管理、工作人员（称为末位计划者）不再机械地执行已制订的计划，而是在计划执行过程中将一线实际执行情况的变化迅速进行反馈，将这些变化及时体现在计划中，使计划能符合实际情况，提高计划的可靠性[13-14]。

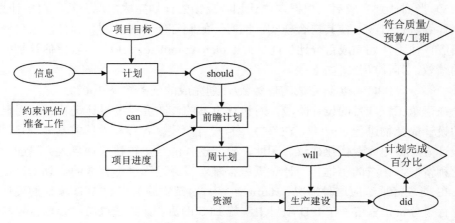

图 2.4　末位计划系统实施流程图

计划的制订与实施包含 4 个关键要素：进度要求完成的工作（should）；考虑现实环境与计划执行情况的约束能够完成的工作（can）；在约束允许的前提下，实施人员决定要完成的工作（will）；已经完成的工作（did）[15]。

传统的计划系统，即"推式"计划系统，只体现了以上两个要素，即 should 与 did，如图 2.5 所示。计划者在制订计划时未充分考虑项目的约束，计划实施过程中遇到的实际情况（约束、前序任务延期等）无法及时体现在计划中，这导致计划的制订与实施脱节。

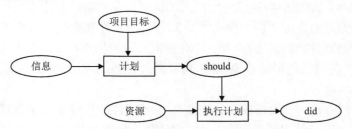

图 2.5　传统"推式"计划系统实施流程图

LPS 的具体实施过程包括如下五步：

1）上层管理者及一线工作人员共同进行讨论，根据项目的目标与时间要求制订主计划，主计划包含一系列的"里程碑"。

2）在"里程碑"的限制下，对约束及准备工作进行评估，确定哪些工作可以做，形成前瞻计划。

3）对前瞻计划进行细化，确定接下来短时间内（一周或两周）将要做什么工作，这些工作由末位计划者确认并承诺完成，形成周计划。

4）根据周计划的要求，执行计划规定的工作。

5）当周计划完成后，根据末位计划者反馈的计划完成情况，及时对主计划、前瞻计划进行修改，使其符合现实，同时开始制订新的周计划。此外，项目管理人员应评估"计划完成百分比"（percent plan complete，PPC），以评估计划执行者的绩效，其计算公式如下：

$$PPC = 实际完成的任务数/计划完成的任务数 \times 100\%$$

在建筑工程项目的设计阶段，对设计方案的修改会触发设计迭代，即对已创建的设计提交物进行修改[16]。在 IPD 项目设计阶段，各参与方提前参与项目，并对设计方案提出大量优化建议。因此，设计迭代的数量较传统项目大大增加。针对此种情况，传统的"推式"计划系统很难对设计过程进行有效的计划与约束，而 LPS 能较好地适应这种情况。Hamzeh 等[17]对某实施 LPS 的 IPD 项目的设计过程进行了分析，总结了在 IPD 项目中实施 LPS 的流程，并通过访问该项目参与人员，发现通过实施 LPS，IPD 项目的实施水平得到显著提高，具体体现如下：计划的可靠性、项目参与人员的工作效率、设计成果的质量得到提高，项目的设计按期完成，各种错误、浪费、重复劳动等显著减少。

2.6.4　目标价值设计

目标价值设计（target value design，TVD）起源于制造业的目标成本法（target costing，TC）。TC 即产品生产商严格根据产品的目标成本对产品进行设计，以使其成本与价格在可控范围之内。该方法最早起源于 19 世纪 30 年代，并在 19 世纪 70 年代在日本制造业中得到广泛而深入的应用，在控制产品成本与价格、提高产品市场竞争力方面发挥了巨大作用[18]。对与制造业存在高度相似性的建筑行业，TC 具有巨大的应用潜力。2002 年，针对建筑行业的特点对 TC 方法进行改进而形成的 TVD 在美国的托斯特鲁德-菲尔德豪斯（Tostrud Fieldhouse）项目中得到首次应用。

利用传统方法，一般是在设计完成后才对项目的各项指标进行评估，然后根据评估结果对设计结果进行优化。与之不同，采用 TVD 时，首先根据建设方需求制定一系列目标（成本、质量、功能等），TVD 的实施过程一方面包含在目标的严格约束下进行的设计，另一方面包含与设计过程相并行的判断设计结果是否满足目标要求的评估。相对于 TC，TVD 关注的目标不只是成本，还包含质量、功能等建设方需求的复合性目标。Zimina 等[19]对美国 12 个系统应用 TVD 的项目的效果进行了评估，发现这些项目的实施成本较市场同类项目的平均成本下降了约 15%，同时在质量、功能、可持续性等其他指标方面均能很好地满足建设方的需求。

TVD 可以在很多项目管理模式中加以应用，但是该方法最适用于 IPD 模式。其原因在于该方法要求各参与方（建设方、设计方、施工方）在设计阶段进行紧密的协同，以便及时对设计结果满足目标的程度进行评估。由于各参与方提前参与项目，因此为实施 TVD 打下了良好基础，且利益共享、风险共担的机制激励各参与方主观上共同为满足项目的目标价值而努力。传统的项目管理模式，典型的如 DBB，使各参与方分阶段参与到项目中，客观上不具备实施 TVD 的条件。当然，DBB 模式也可以要求潜在中标的施工方提前参与到项目中，由于施工方并不能确定自己未来能否中标从而分享 TVD 所取得的收益，因此主观上并不会积极地为 TVD 做贡献。

Orihuelat 等结合一个典型项目，给出该项目设计阶段实施 TVD 的典型流程。该流程具有以下 3 个特点：多专业之间高度耦合、设计与评估高度耦合、存在大量设计迭代[20]。这 3 个特点也说明了各参与方之间进行紧密协同对实施 TVD 的必要性，验证了 IPD 模式与 TVD 之间的匹配性。

2.6.5　基于集合的设计

传统的设计一般采用基于点的设计（point-based design，PBD）。基于点的设计被 Evans[21-22]总结为设计螺旋，其实施过程描述如下：

1）定义问题。

2）确定多个解决方案。

3）择优选择一个解决方案进行进一步细化。

4）对选择的方案进行分析、修改，直至方案满足要求。

5）如果选择的方案即使通过优化也无法满足要求，则回到步骤 1）或 2）进行迭代。

PBD 的主要缺陷体现在两个方面：其产生的方案虽然是满足要求的方案，但是有很大可能不是最优方案；当 PBD 执行至上述第 5）步时，需要重新选择方案进行设计，从而使计划失控，无法保证设计按时完成。

基于集合的设计（set-based design，SBD）最早由 Ward 等[23]于 1995 年提出，它源自丰田公司的开发过程管理方法[24]，其实施过程描述如下：

1）确定所有可能的设计方案组成设计集合。

2）细化设计集合中所有的设计方案。

3）在细化过程中逐步筛选明显有缺陷的方案。

4）多设计方案平行进行细化，直至唯一的最优方案被选中。

Curry 等[25]给出了 SBD 的一个典型案例，该案例的目标是设计零能耗建筑。研究该案例可以发现，与 PBD 方法相比，SBD 方法更有可能获得项目的最优方案，同时大幅减少迭代次数。当然，SBD 使相当一部分时间、精力浪费在被淘汰方案的设计上，同时由于减少了迭代，因而节省了时间。总体来看，对于复杂、要求高的项目，SBD 反而会花费更少的时间[26]。

为评价与选择 SBD 中的多个方案，基于优势选择（choosing by advantages，CBA）的方法经常被采用，以确定哪些设计方案优于其他设计方案。CBA 方法中包含 4 个关键概念，分别为："CBA 选项"，指备选的两个或多个设计方案；"CBA 要素"，指影响决策的要素，如成本、可施工性、能耗等；"CBA 属性"，指备选设计方案的特点、质量或结果，即 CBA 要素的值；"CBA 指标"，分为两类，分别为"强制指标"与"非强指指标"，前者指每个备选方案必须满足的指标，后者指决策者倾向于越高/低越好的指标[25]。

2.7　工程项目协同工作平台现状

在 IPD 项目中，高效协同工作需要协同工作平台来支持项目各参与方之间的信息交换、项目参与人员之间的交流及海量信息的管理。为此，笔者在之前的研究工作中对协同工作平台相关的研究及市场上成熟的协同工作平台产品进行了调研。

2.7.1　协同工作平台研究

East 等[26]对设计评审工作进行了调研，发现基于网络的协同平台可节约 73% 的开会时间及差旅费用，由此可以看到协同工作平台对工程项目的巨大意义。

Kolarevic 等[27]基于某协同设计平台进行了为期一周的三维协同设计实验。他指出协同工作平台的根本作用是团队成员能在任何时间、地点进行同步或异步的协同，同时设计的最新结果能够存放于共享的数据库中。因此，协同工作有 3 个关键点，即记忆（memory）、流程（process）及协作（collaboration）。为支持协同工作，协同工作平台研究可分为数据管理、协同工作计划管理及交流技术三类。此外，作为基础，部分研究人员针对协同工作平台架构进行了探索。

1. 数据管理

笔者在之前的研究工作中曾针对工程项目施工阶段协同工作进行研究，并开发了用于施工阶段的协同工作信息系统 ePIMS+。该系统可对图档进行提交/分发，可对图档版本、图档之间关系、图档权限，以及基于图档的会审记录、设计变更与工程洽商等进行系统的管理。此外，该研究还对图档管理的安全机制进行了设计。该系统在 2008 年北京奥运会主会场——国家体育场施工项目中被实际应用，并取得了良好的应用效果[28-30]。

Zaneldin 等[31]建立了一个信息模型用于存储设计信息、记录设计原理及管理设计变更。该信息模型以一个层次结构（建筑、楼层、空间、专业、构件）来描述一个建筑。该层次结构中的对象不仅包含基本信息，如材料信息、几何尺寸、关联图纸信息等，还包含受该对象影响的其他参与方。当某对象的值发生改变时，如关联图纸发生更新，则受该对象影响的参与方可自动获得相关通知。基于该信息模型，Zaneldin 等[31]开发了协同设计系统，以支持多参与方的协同设计。

Oh 等[32]针对当前不同协同人员使用不同 BIM 软件在协同设计中存在的如数据丢失、交流困难等问题提出集成设计系统，以改进基于 BIM 的协同设计。集成设计系统包含 3 个模块：BIM 建模、BIM 检查、BIM 服务。这 3 个模块可以为协同设计提供必要的支持，以提高设计的质量和效率。Plume 和 Mitohell[33]利用 EDM Model Server 软件管理工业基础类（industry foundation classes，IFC）模型，并针对某案例工程进行了基于 BIM 的多参与方协同设计实验。针对实际设计中遇到的建模、模型管理等问题，Plume 和 Mitohell 进行了总结，并提出了相应的改进建议，指出，模型管理最重要的两个需求是模型访问协议与数据版本管理，这两者是保证模型正确性与一致性的关键。Alreshidi 等[34]也基于 EDM Model Server 开发了基于 BIM 的协同系统，支持建筑工程概念设计中各参与方之间的协同工作。

Rosenman 等[35]针对建筑专业与结构专业开发了基于 IFC 的网络协同设计虚拟平台，建筑与结构设计人员可以在该平台上共同浏览、编辑模型，同时能进行文字聊天、视频会议等交流。在底层数据上，该平台采用 EDM 管理 IFC 模型数据。在此基础上，该平台读取 EDM 中的 IFC 模型数据至平台自创的内部数据库中。在该内部数据库中，对于建筑中的同一对象，针对不同的专业有不同的表达，不同的表达通过用户指定关系关联起来。例如，对于同一个墙对象来说，在该平台内部数据库中分别有建筑墙与结构墙两个对象，两者通过用户指定关联起来。这样，当相关联的几个对象中有一个发生变更时，如建筑墙位置发生变化，与之相关联的其他对象的创建者会接到通知，如结构工程师会接到通知，提示对结构墙进行相应的修改。此外，平台会根据不同的专业提取与专业相符的对象，如当讨论结构专业时，平台会显示结构墙的信息而不显示建筑墙信息。

2. 协同工作计划管理

Mora 等探讨了计算机支持概念设计时面临的一些问题，并尝试开发了结构-建筑（Structure-Architecture，StAr）系统以支持概念设计阶段建筑师与结构工程师之间的协同。该系统以层次结构描述建筑结构，每个结构实体有一个对应的建筑实体，使建筑设计结果与结构设计结果实现了较好的集成，进而支持建筑师与结构工程师之间的协同[36]。Alreshidi 等[34]基于云与 BIM 开发了协同工作平台，支持建筑工程项目中各参与方之间的协同。该平台将 BIM 模型中的构件类型与设计流程中的任务进行了绑定，使设计人员按照流程中任务的规定完成相关构件类型的设计与建模。

    Chen 等[37]开发了基于 Web 的协同工作平台，支持建筑师与结构工程师的协同设计。在该平台中，建筑师以 IFC 格式上传建筑模型，系统识别该建筑模型并提取建筑模型中的结构构件，形成结构分析模型。结构工程师在线浏览结构分析模型，针对各结构构件补充属性信息，并可对构件进行批注。但是，结构工程师不能对结构分析模型的几何信息进行变更。当结构工程师补充完信息与批注后，建筑师进行审核，同时参考批注对建筑模型进行修改，形成新的建筑模型。如此往复，直至建筑师与结构工程师达成共识，形成最终设计。

    Zhu 和 Augenbroe[38]在协同工作平台中引入了工作流，并根据跨组织协同工作过程中参与人的需求及信息流的分析建立了相应的协同工作概念模型。该协同工作概念模型包含 4 个子模型：背景模型，用于描述任务执行的原因；组织模型，用于描述执行工作流的组织与个人；任务模型，用于描述任务的内容及顺序；实例模型，用于描述工作流过程中涉及的文档、消息等信息实体。

3. 交流技术

    在提供必要交流手段方面，Wang 和 Dunston[39]利用增强现实（augment reality，AR）技术开发了面对面的设计评审系统。混合现实可将实际对象与虚拟对象集成显示在头盔显示器中，多个设计人员在同一个工作场地利用该头盔在同一个地点针对虚拟的设计模型进行面对面的讨论，该系统使设计评审过程更加直观，可有效地提高设计评审的效率。类似地，Lin 等[40]开发了增强现实-多屏幕（augmented reality multiscreen，AR-MS）讨论系统，该系统包含 BIM 面板和移动终端，两者通过 AR 技术连接起来。其中，BIM 面板展示公共信息，移动终端展示私有信息。该系统可以有效地降低讨论信息的复杂性，同时能够保证必要的信息在讨论过程中不被遗漏。

4. 协同工作平台架构

    针对在传统的服务器-客户机（server/client）架构中，系统所有的负载均由服务器来承载，导致服务器压力过大的问题，Chen 和 Tien[41]基于点对点（peer to peer，P2P）的思想开发了协同设计工具。设计人员利用该工具进行协同时，多人共组一个讨论组进行协同设计，该讨论组中各计算机的地位一致，不再依赖中央服务器。

    Faraj 等[42]基于三层架构开发了协同工作平台。在数据管理层面，该平台利用面向对象数据库管理 IFC 数据。在用户界面层面，该平台采用浏览器作为用户界面，利用 VRML 工具开发 BIM 浏览器，支持用户利用浏览器在线浏览 BIM 模型。此外，该平台可与 Microsoft Excel、Microsoft Project、Supplier Information 等系统连接，支持用户基于该平台进行设计、工程计价、创建施工方案、将施工方案条目与建筑构件进行关联等操作。

Isikdag[43]为在协同环境中高效应用 BIM,提出了基于服务、模型驱动的架构。该研究介绍了 3 种基于此种架构的设计模式:简单对象访问协议(simple object access protocol,SOAP)、表征状态转移(representational state transfer,REST)、异步的 JavaScript 与 XML 技术(asynchronous JavaScript and XML,AJAX)。其中,在 AJAX 模式下,BIM 模型的可视化部分以图形文件的形式传给客户端,其传送速度很快,因为传送的信息仅具有几何属性。当用户要查属性信息时,AJAX 请求发送至 HTTP 服务器,属性信息以 XML 的形式发送给客户端。这种模式不用刷新页面。在 SOAP 模式下使用 Web 服务器时,利用 XML 格式进行资料互换,使信息交换过程独立于语言实现、平台和硬件。各个对 BIM 模型进行访问的 SOAP 接口集中于一个门户下,方便开发者进行集成管理与调用。在 REST 模式下,用统一资源标识符(uniform resource identifier,URI)表示资源,利用 HTTP 提供的 Get、Put、Delete、Post 方法对资源进行获取、创建、删除、修改操作。在介绍这 3 种模式的基础上,该研究还对其优缺点性进行了比较,对各模式的适用性进行了总结。

Ren 等[44]建立了一个协同工作平台的功能架构,支持建设方与承包方在该平台上协同制订项目计划。该平台针对不同的类型建立了不同的项目计划模型,该模型包含一系列工作流,规定了在制订项目计划不同的阶段,各方应进行哪些活动、创建哪些信息等,使各方按照工作流的规定协同制订项目计划。该平台采用两项技术:工作流管理系统及协同技术。其中,工作流管理系统支持工作流的建模与运行;协同技术提供基本服务与工程服务,基本服务包括用户管理、文档管理、电子化交流(包括邮件、论坛、在线聊天、视频会议等)等,工程服务包括项目计划制订白板、标注功能、合同会商功能等。该平台作为一个公共服务平台,有效地支持了建设方与作为外包的中小企业高效、有序地达成合作意向,协同制订项目计划。

2.7.2　商用协同工作平台

笔者在之前的研究工作中广泛调研了主流的商业协同工作平台,包括 Projectwise(A)、BC Collaboration(B)、Omuna System(C)、Cadweb(D)、4Projects(E)、A-site(F)、Buzzsaw(G)、E-builder(H),并对这些平台提供的主要功能进行了统计,如表 2.1 所示。

表 2.1　商用协同工作平台功能统计

功能分类	功能	A	B	C	D	E	F	G	H
组织管理	用户管理	√	√	√	√	√	√	√	√
	角色管理	√	√	√	√	√	√	√	√
	用户组管理	√	√	√	√	√	√	√	√
	权限管理	√	√	√	√	√	√	√	√

续表

功能分类	功能	A	B	C	D	E	F	G	H
信息管理	版本管理	√	√	√	√	√	√	√	√
	信息搜索	√	√			√	√	√	√
	上传/下载	√	√	√	√	√	√	√	√
	签入/签出	√	√	√		√	√		√
	元数据管理	√	√						
	修改通知	√						√	
	文档/图纸/BIM 模型浏览	√		√		√	√	√	
	BIM 模型与文件绑定					√			
计划	工作流定义	√	√	√		√	√		√
	工作流执行	√	√	√		√	√		√
交流	邮件	√	√	√		√	√	√	
	论坛					√			
	基于 BIM 模型的评论	√		√		√	√		
	基于文档/图纸的评论	√	√	√		√	√		√

本 章 小 结

　　本章对 IPD 模式的发展和应用方法进行了介绍。IPD 模式作为一种先进的、高度集成的新型项目交付模式，其收益共享、风险共担和关键参与方早期参与的核心原则可以有效解决传统项目管理模式中各参与方目标不统一、设计和施工过程割裂的弊端。目前，IPD 模式由于缺少制度保障、理论指导和技术支撑等原因，尚未在我国推广使用。

参 考 文 献

[1] LARSON E. Project partnering: results of study of 280 construction projects [J]. Journal of Management in Engineering, 1995, 11(2): 30-35.

[2] SAKAL M W. Project alliancing: a relational contracting mechanism for dynamic projects [J]. Lean Construction Journal, 2005: 67-79.

[3] MATTHEWS O, HOWELL G A. Integrated project delivery an example of relational contracting [J]. Lean Construction Journal 2005: 46-61.

[4] HUMPHREYS P, MATTHEWS J, KUMARASWAMY M. Pre-construction project partnering: From adversarial to collaborative relationships [J]. Supply Chain Managementl 2003, 8(2): 166-178.

[5] KENT D C, BECERIK-GENBER B. Understanding construction industry experience and attitudes toward integrated project delivery [J]. Journal of Construction Engineering and Management, 2010, 136(8): 815-825.

[6] VOLKER L, KLEIN R. Architect participation in integrated project delivery: The future mainspring of architectural

design firms [J]. Gestão & Tecnologia de Projects, 2010, 5(3): 40-57.

[7] LEICHT R M, LEWIS A, RILEY D R, et al. Assessing traits for success in individual and team performance in an engineering course [C]// Construction Research Congress 2009. Seattle:ASCE,2009: 1358-1367.

[8] RAHMAN M M, KUMARASWAMY M M. Assembling integrated project teams for joint risk management [J]. Construction Management and Economics, 2005, 23(4): 365-375.

[9] DEY P K. Integrated project evaluation and selection using multiple-attribute decision-making technique [J]. Production Economics, 2006, 103(1): 90-103.

[10] 徐韫玺，王要武，姚兵. 基于 BIM 的建设项目 IPD 协同管理研究[J]. 土木工程学报，2011, 44(12): 138-143.

[11] THOMPSON R D, OZBEK M E. Utilization of a co-location office in conjunction with Integrated Project Delivery [C]. 48th ASC Annual International Conference, 2012.

[12] ALHAVA O, LAINE E, KIVINIEMI A. Intensive big room process for co-creating value in legacy construction projects [J]. Journal of Information Technology in Construction , 2015, 20(11): 146-158.

[13] 李朝智，游利娟，张建坤. 最后计划者技术[J]. 东南大学学报（哲学社会科学版），2009, 11(S1): 131-134.

[14] HAMZEH F R. Improving construction workflow-the role of production planning and control [D]. Berkeley: University of California, 2009.

[15] 赵道致，庾磊桥. 精益建筑重要工具：最后计划者技术研究[J]. 河北工程大学学报(社会科学版)，2007(1): 1-3.

[16] CRICHTON C. Interdependence and Uncertainty: A Study of the Building Industry [M]. Oxfordshire:Routledge, 2013.

[17] HAMZEH F R, BALLARD G, TOMMELEIN I D. Is the last planner system applicable to design? —a case study [C]. Proceedings of the 17th IGLC Conference, Taipei: International Group for Lean Construction. 2009: 13-19.

[18] COOPER R, SLAGMULDER R. Target costing and value engineering [M]. Oxfordshire: Routledge, 1997.

[19] ZIMINA D, BALLARD G, PASQUIRE C. Target value design: using collaboration and a lean approach to reduce construction cost [J]. Construction Management and Economics, 2012, 30(5): 383-398.

[20] ORIHUELA P, ORIHUELA J, PACHECO S. Communication protocol for implementation of Target Value Design (TVD) in building projects [J]. Procedia Engineering, 2015 (123): 361-369.

[21] EVANS J H. Basic design concepts [J]. Naval Engineers Journal, 1959, 71(4): 671-678.

[22] LIKER J K, SOBEK D K, WARD A C, et al. Involving suppliers in product development in the United States and Japan: Evidence for set-based concurrent engineering [J]. IEEE Transactions on Engineering Management, 1996, 43(2): 165-178.

[23] WARD A C, LIKER J K, CRISTIANO J J, et al. The second Toyota paradox: How delaying decisions can make better cars faster [J]. Long Range Planning, 1995, 28(4): 43-61.

[24] SINGER D J, DOERRY N, BUCKLEY M E. What is set-based design? [J]. Naval Engineers Journal, 2009, 121(4): 31-43.

[25] CURRY E, HASAN S, O'RIAIN S. Enterprise energy management using a linked dataspace for energy intelligence [C]//2012 Sustainable Internet and ICT for Sustainability (SustainIT) Pisa: IEEE, 2012: 1-6.

[26] EAST E W, KIRBY J G, PEREZ G. Improved design review through web collaboration [J]. Journal of Management in Engineering, 2004, 20(2): 51-55.

[27] KOLAREVIC B, SCHMITT G, HIRSCHBERG U, et al. An experiment in design collaboration [J]. Automation in Construction, 2000, 9(1): 73-81.

[28] 陈耀庭. 工程项目分布式图档协同工作系统研究[D]. 北京：清华大学，2010.

[29] 马智亮，李久林. 工程项目施工阶段协同工作平台系统研究[C]//第二届中国国际数字城市建设技术研讨会论文集.苏州：中国电子商务协会、中国地理信息系统协会，2006.

[30] 马智亮，工程项目中的协同工作及信息系统[J]. 中国建设信息，2009(20): 22-25.

[31] ZANELDIN E, HEGAZY T, GRIERSON D. Improving design coordination for building projects. II: A collaborative system [J]. Journal of Construction Engineering and Management, 2001, 127(4): 330-336.

[32] OH M, LEE J, HONG S W, et al. Integrated system for BIM-based collaborative design [J]. Automation in Construction, 2015(58): 196-206.

[33] PLUME J, MITCHELL J. Collaborative design using a shared IFC building model: Learning from experience [J]. Automation in Construction, 2007, 16(1): 28-36.

[34] ALRESHIDI E, MOURSHED M, REZGUI Y. Requirements for cloud-based BIM governance solutions to facilitate team collaboration in construction projects [J]. Requirements Engineering, 2016, 23(1): 1-31.

[35] ROSENMAN M A, SMITH G, MAHER M L, et al. Multidisciplinary collaborative design in virtual environments [J]. Automation in Construction, 2007, 16(1): 37-44.

[36] MORA R, RIVARD H, BÉDARD C. Computer representation to support conceptual structural design within a building architectural context [J]. Journal of Computing in Civil Engineering, 2006, 20(2): 76-87.

[37] CHEN P H, CUI L, WAN C Y, et al. Implementation of IFC-based web server for collaborative building design between architects and structural engineers [J]. Automation in Construction, 2005, 14(1): 115-128.

[38] ZHU Y M, AUGENBROE G. A conceptual model for supporting the integration of inter-organizational information processes of AEC projects [J]. Automation in Construction, 2006, 15(2): 200-211.

[39] WANG X Y, DUNSTON P S. User perspectives on mixed reality tabletop visualization for face-to-face collaborative design review [J]. Automation in Construction, 2008, 17(4): 399-412.

[40] LIN T H, LIU C H, TSAI M H, et al. Using Augmented Reality in a multiscreen environment for construction discussion [J]. Journal of Computing in Civil Engineering, 2015, 29(6): 04014088.1-04014088.9.

[41] CHEN H M, TIEN H C. Application of peer-to-peer network for real-time online collaborative computer-aided design [J]. Journal of Computing in Civil Engineering, 2007, 21(2): 112-121.

[42] FARAJ I, ALSHAWI M, AOUAD G, et al. An industry foundation classes web-based collaborative construction computer environment: WISPER [J]. Automation in Construction, 2000, 10(1): 79-99.

[43] ISIKDAG U. Design patterns for BIM-based service-oriented architectures [J]. Automation in Construction, 2012，25(1): 59-71.

[44] REN Z, ANUMBA C J, AUGENBROE G, et al. A functional architecture for an e-Engineering hub [J]. Automation in Construction, 2008, 17(8): 930-939.

第3章　我国建筑工程 IPD 模式应用框架

为在我国利用 IPD 模式，进而解决我国建筑工程项目交付中存在的问题——设计变更，减少浪费，本章从宏观层面建立我国建筑工程 IPD 模式应用框架[1]。首先分析我国建筑工程接受该框架的必要条件，即实施 IPD 模式的推动力和适用于 IPD 模式的工程项目合同架构；然后阐述我国建筑工程 IPD 模式应用框架；最后，作为案例，分析 IPD 模式在我国政府和社会资本合作（public-private partnership，PPP）项目中应用的必要性和可行性。

3.1　实施 IPD 模式的推动力

实施 IPD 模式具有一定风险，必须首先找到实施的推动力。这里的推动力从狭义上讲是建筑工程项目各参与方决定实施 IPD 模式的动机；从广义上讲既包括参与方决定实施 IPD 模式的动机，又包括建筑工程项目参与方自身及其推动 IPD 模式实施的措施。因为建筑市场的参与方主要包括建设方、建筑企业、行业协会和政府主管部门，所以笔者从实施 IPD 模式的推动力的广义内涵出发，分别从建设方、建筑企业、行业协会和政府主管部门 4 个角度归纳了他们推动 IPD 模式实施的动机及措施。

3.1.1　建设方推动 IPD 模式实施的动机及措施

建设方作为建筑产品的供应商和建设项目的投资方，其在建设项目中所追求的是质量更高的建筑产品和更少的资金投入，这也恰好就是建设方推动 IPD 模式实施的两点主要动机。建设方通过利用 IPD 模式，要求项目主要参与方在设计阶段早期就参与进来，以协同工作的方式完成并优化精益求精的设计成果；在该设计成果的指导下进行施工，施工时存在的不确定性减小，从而保障建筑产品的质量，返工减少，浪费减少，多余的成本投入也会减少。

建设方作为建设项目的牵头方，其推动 IPD 模式实施的主要措施包括以下 3 个方面：

1）进行市场调查，对既有 IPD 项目进行调研分析，并评估本单位实施 IPD 的可能性和价值增长。

2）组织 IPD 模式相关理论知识的培训学习，培训对象除了建设方人员以外，还应该包括潜在的合作建筑企业相关人员。

3）在实际项目中由浅入深逐步实践 IPD，从实践中试错并积累经验，并进一步形成本单位实施 IPD 模式的标准或指南。

现阶段，建设方实践推动 IPD 的措施仍有一些限制，包括法律法规方面的限制、IPD 理论尚不完善、既有 IPD 项目较少，以及具备合作实践 IPD 意愿和能力的设计方、施工方等建筑企业较少等。

3.1.2 建筑企业推动 IPD 实施的动机及措施

作为建筑市场主要参与者的建筑企业是实施 IPD 模式的主要受益者，所以建筑企业很自然就是在建筑工程项目上实施 IPD 模式的主要推动者。以参与美国建筑市场的建筑企业为例，对利润的追求促使他们推动 IPD 模式的实施，尤其是当建筑企业在激烈的市场竞争中出现利润下滑时[2]。促使建筑企业推动 IPD 模式实施的另一个主要因素是建筑企业希望在激烈的市场竞争中取得与项目管理相关的优势。根据荷兰皇家建筑师协会的调查，注重分散风险的大型建筑企业不愿冒险错过 IPD 模式这种可能蕴含巨大经济潜力的新兴项目交付模式，采用创新战略的小型建筑企业希望通过领先竞争对手成功实施 IPD 模式超越竞争对手，只有因为主要承担类似住宅建设项目等的低风险型建筑工程项目而采用低成本战略的中型建筑企业没有尝试 IPD 模式的强烈内在动机，但是他们也表现出希望深入了解 IPD 模式的意愿[3]。总结 IPD 模式在美国和澳大利亚的实践经验，建筑企业不仅将 IPD 模式作为一种建筑工程项目交付的新模式，也将其作为自己重要的建筑市场竞争战略之一。建筑企业还希望通过实施 IPD 模式与建设方建立长期的合作伙伴关系，从而避免为追求单方短期经济效益而损害合作企业利益的、自私的投机行为。

虽然建筑企业有强烈的内在动机推动 IPD 模式实施，但是谨慎的建筑企业还是会首先调查建筑市场和与自己有合作关系的企业[4]。Matthew 和 Howell[5]根据其参与使用 IPD 模式的建筑工程项目的亲身经验，认为企业高层的充分重视和充分授权是成功实施 IPD 的关键。根据 Ghassemi 等[6]对美国建筑企业实施 IPD 模式的工程项目的研究，建筑企业会通过研讨会等灵活的形式改变成员对 IPD 模式的认识，促进各技术专业的工程师们学习 IPD 模式相关知识，最终自发形成适应 IPD 模式的、更加有利于沟通和协同工作的项目组织结构。Ku[7]指出，当建筑企业做好实施 IPD 模式的准备后会依据风险最小化原则选择工程合同价较低但复杂程度高的工程项目检验 IPD 模式。

现阶段建筑企业实施 IPD 模式还受到很多条件的制约。Ku[7]指出，现阶段可供建筑企业学习和模仿的成功实施 IPD 模式的工程项目相对比较少，实施 IPD 模式的建筑企业会承担一定的风险。EI-adaway[2]认为现有建筑企业的组织结构和文化不适应 IPD 模式、建筑行业没有一套完整成熟的指导 IPD 实施的理论，以及建筑市场缺乏足够的支撑 IPD 模式有效实施的专业法律规范和标准合同范本，是制约建筑企业实施 IPD 模式的 3 个主要条件。

3.1.3　行业协会推动 IPD 实施的动机及措施

作为非营利性组织的建筑业相关行业协会推动 IPD 模式实施的内在动机与建设方和建筑企业不同。由建筑市场上某一类型参与方（如设计方），组成的某个行业协会面对实施 IPD 模式的历史机遇时，必将根据其自身的组织目标努力促使其成员利益最大化。同时，行业协会为了自身的长期存在，在市场影响力和针对专业技术的话语权方面竞争同样非常激烈。

建筑行业协会推动 IPD 模式实施的手段丰富多样。AIA 和 CMAA 以新闻快讯的形式在第一时间向他们的会员及整个建筑行业介绍 IPD 模式研究与实践的最新进展[8-9]。为获得在 IPD 模式实施方面的话语权，美国和澳大利亚等国的行业协会各自先后发布帮助建筑企业实施 IPD 模式的指南。当建筑行业在认知上开始逐渐接受 IPD 模式后，AIA、AGC 和澳大利亚建筑师协会（Australian Architecture Association，AAA）各自适时推出了支撑 IPD 模式实施的 IPD 标准合同，针对 IPD 模式各种不同实施深度的标准合同构成了相对完整的工程合同体系。为了帮助建筑行业内具有实施 IPD 模式能力的专业人才尽快成长，美国大部分行业协会定期举办形式多样、内容丰富的学术研讨会。美国建筑行业协会还利用自己在收集 IPD 模式工程实践经验方面的优势，定期发布针对成功实施 IPD 模式的工程项目的研究报告，供参加协会的建筑企业借鉴，帮助其降低实施 IPD 模式的风险。

建筑行业协会推动 IPD 模式实施的效果主要受两方面的限制，以会员规模为衡量指标的影响力制约着行业协会推动 IPD 模式实施的效果，同时建筑行业协会有限的财力也制约着其推动 IPD 模式实施的力度[8]。

3.1.4　政府主管部门推动 IPD 实施的动机及措施

国外政府的建筑行业相关主管部门也是建筑市场的重要参与方之一，其推动 IPD 模式实施的效果非常显著。政府希望通过 IPD 模式的实施促进本国建筑行业健康发展，深入有效地监管建筑工程项目的实施，扩大建筑市场交易总额，保持本国建筑行业的项目管理优势，使建筑行业所有参与方的利益总和最大化。

美国联邦政府在宏观上监管建筑市场，为建筑市场的平稳运行提供基本的和必要的法律环境，是建筑行业的守夜人。然而政府不能过多干预市场，美国联邦政府坚持自由市场经济原则，承认并接受建筑市场通过自律和自组织产生的建筑工程项目交付新模式——伙伴关系（partnering），即 IPD 模式的雏形。为了为 IPD 模式的实施提供充足的人才，Starzyk 等在其论文中建议美国联邦政府利用自己掌握的教育资源为建筑工程项目实施 IPD 模式培养专业人才。虽然现在建筑企业在

IPD 模式的市场价值上已经达成共识，但是建筑企业为了回避试验新型工程项目交付模式的风险，因而不愿意第一个实施 IPD 模式。为了走出这种困境，澳大利亚政府首先在基础设施项目中实施 IPD 模式，以 IPD 模式在公共项目上实施的成功经验引导建筑企业[3,9]。为了进一步引导建筑企业接受并实施 IPD 模式，澳大利亚政府还通过直接进行市场调查和委托其他组织机构进行市场调查的方式向建筑市场提供关于 IPD 模式实施情况的统计信息[9]。

政府推动 IPD 模式实施的具体行为受到法律的严格约束，美国的联邦预算法规定公共项目必须使用 DBB 交付模式。CMAA 在其研究报告中指出，这种规定限制了政府与建筑企业在公共基础设施建设项目上利用 IPD 模式降低总建造成本的合作可能性，从而使政府不能适应 IPD 模式给建筑市场带来的新变化。

3.1.5 实施 IPD 模式的推动力分析

从上述分析中可以看出，迄今为止，在建筑工程项目上实施 IPD 模式受到来自建筑行业的各参与方，包括建设方、建筑企业、政府主管部门和行业协会等的有力推动。由于各参与方在建筑工程项目中所处地位不同，其对实施 IPD 模式的推动效果也不尽相同。为了找出他们当中处于相对核心地位的推动力，从而作为我国建筑工程项目借鉴 IPD 模式和实施经改造的 IPD 模式的突破口，笔者首先从推动者、内在动机、外在措施和制约条件 4 个方面对上述分析进行总结，然后在建设方、建筑企业、行业协会和政府主管部门 4 个推动者之间进行横向比较（表 3.1）。在内在动机方面，与行业协会和政府主管部门相比，建设方和建筑企业具有最强且最直接的经济动机。在推动 IPD 模式实施的措施方面，相比于行业协会和政府主管部门通过各种间接方式促进建筑工程项目实施 IPD 模式，建设方和建筑企业具有可以直接在自己负责的建筑工程项目上示范 IPD 模式实施的优势。在实施 IPD 模式的制约条件方面，建设方和建筑企业虽然面对一些自己无法独立逾越的制约条件，但是通过上文对国外实施 IPD 模式的实际情况的分析，可知建设方和建筑企业面对的这些制约条件可以被行业协会和政府主管部门化解。例如，针对缺乏成熟的 IPD 理论的问题，美国和英国的行业协会及澳大利亚维多利亚州政府分别发布了 IPD 指导书；针对缺乏支撑 IPD 模式的相关建筑法律法规问题，美国联邦政府接受并承认建筑行业协会和领军型建筑企业自拟的 IPD 标准合同的法律效益[10]。由此可见，相比于行业协会和政府主管部门，建设方和建筑企业在推动建筑工程项目实施 IPD 模式方面处于核心地位，因为建设方和建筑企业既是 IPD 模式的直接使用者，又是 IPD 模式的直接受益者。所以，笔者决定以建设方和建筑企业为切入点，建立基于 IPD 消除我国建筑工程设计变更的应用框架。

表 3.1　实施 IPD 模式的推动力分析

推动者	内在动机	外在措施	制约条件
建设方	提升建筑产品质量 降低建设项目成本	市场调查 组织研讨会学习 实施示范工程 编写本单位 IPD 标准或指南	缺乏 IPD 相关法规 缺乏成熟的 IPD 理论 缺乏 IPD 参考案例 缺乏合适的合作建筑企业
建筑企业	追求利润 获取竞争优势 建立长期合作关系	市场调查 组织研讨会学习 高层充分授权 实施示范工程	缺乏 IPD 相关法规 公司现存制度和文化不支持 IPD 缺乏成熟的 IPD 理论 缺乏 IPD 参考案例
行业协会	代表会员利益 追求组织影响力 追求针对 IPD 的话语权	发布新闻简讯 举办学术研讨会 编制 IPD 标准及指南 制定标准合同范本 发布 IPD 案例研究报告	会员规模有限 财力有限
政府主管部门	促进建筑行业健康发展	提供基础法规环境 监督建筑行业自律 进行市场调查 培养 IPD 所需人才 以公共项目为引导	现有法规约束政府招投标方式

3.2　IPD 模式必备的工程项目合同架构

基于上述分析，既然已经选择将建设方和建筑企业作为建立基于 IPD 模式消除设计变更应用框架的突破口，那么下一步就是确定实施 IPD 模式需要建设方和建筑企业提供的基础条件。目前，关于该基础条件的研究主要集中在实施 IPD 模式的建设方和建筑企业之间应该具有的合同架构。第 2 章介绍了国外 IPD 项目经常使用的 3 种合同架构，分别为多个独立合同架构、单个多方合同架构和单一目的实体合同架构。可以看出，它们通过渐进式地逐渐改造传统工程项目合同架构来适应 IPD 模式的潜在要求，这样就有效降低了实施 IPD 模式的难度。因此，我国建筑工程项目基于 IPD 模式消除设计变更的应用框架可以考虑在第一种和第二种合同架构下运行。

3.3　建筑工程应用 IPD 模式的框架

通过前两个小节的分析，已经确定实施 IPD 模式的两个必备条件是针对 IPD 模式的推动力和针对 IPD 模式的合同架构。显然，这两个必备条件是 IPD 模式框架的组成部分之一。为了构造我国建筑工程应用 IPD 模式的完整框架，应首先厘清 IPD 模式各组成部分之间的关系，作为建立 IPD 模式框架的基础。

3.3.1 国外 IPD 模式的一般性框架

通过对 IPD 模式研究现状和已经用于 IPD 模式的 BIM 技术及协同工作平台等技术工具的分析，笔者认为在 IPD 指导书中因发达国家国情不同而不同的 IPD 定义被细化为各种 IPD 原则，IPD 原则又在具体的建筑工程项目上落实为某种或某些项目管理方法。例如，美国实施 IPD 模式的建筑工程项目在整体管理理念上接受 IPD 原则，而在具体的工作中使用大屋会议方案和经 IPD 原则改造后的 LPS，这些管理方法在事实上组成了美国的 IPD 模式。已经被 IPD 模式接受的各种项目管理方法使用不同的 BIM 技术，如基于 BIM 模型的冲突检测和基于 BIM 模型的建筑物能耗分析等，而 IPD 模式使用协同工作平台的目的是连接、集成和协调各种独立的 BIM 技术，使它们发挥合力。同时，已用于 IPD 模式的项目管理方法又运行于适合 IPD 模式的工程项目组织结构中。整个 IPD 模式对项目参与方的约束力来源于 IPD 标准合同。这些 IPD 模式各组成部分之间的关系构成了国外 IPD 模式在建筑工程项目上的一般性框架，如图 3.1 所示，它是构建我国建筑工程应用 IPD 模式框架的基础。

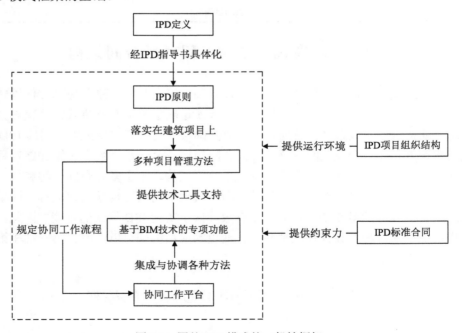

图 3.1　国外 IPD 模式的一般性框架

3.3.2　我国建筑工程应用 IPD 模式的框架

作为实施 IPD 模式的必备条件之一的合同架构是国外 IPD 模式一般性框架的组成部分,那么我国建筑工程应用 IPD 模式的框架应该在此基础上将另一个必备条件也包含进来,即将作为 IPD 模式推动力的建设方和建筑企业经济动机纳入 IPD 模式框架中。作为必备条件之一的建设方和建筑企业经济动机是建立 IPD 模式框架的切入点,首先需要确定我国建筑工程中现存问题是如何直接或间接造成经济损失的,其次是寻找该问题造成经济损失的规律,再次在我国建筑工程能够接受的 IPD 原则指导下建立针对该问题的管理方法,最后借助 BIM 技术和协同工作平台等工具执行该管理方法。这些对建设方和建筑企业经济动机的分析与国外 IPD 模式一般性框架就融合成了我国建筑工程应用 IPD 模式的框架,如图 3.2 所示。

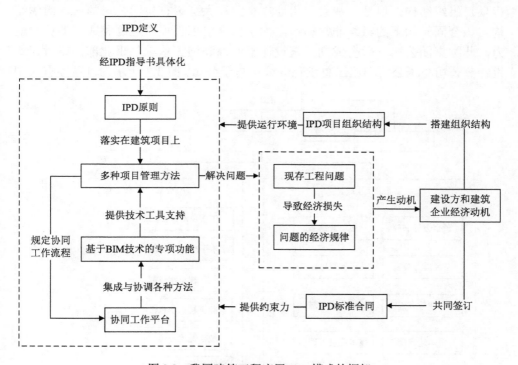

图 3.2　我国建筑工程应用 IPD 模式的框架

3.3.3　基于 IPD 模式消除设计变更的应用框架

在传统 DBB 交付模式下,"低报价,高索赔"的市场现实情况使得设计变更早已经成为我国工程项目成本超预算的主要原因之一,而拟建立的基于 IPD 消除设计变更的应用框架就是要为建设方和建筑企业挽回这些经济损失。按照推动力的广义内涵，3.1 节的分析已经确定建设方和建筑企业是推动力的核心，行业协会和政府主管部门仅仅是辅助其实施 IPD 模式及其包含的各种先进的工程项目管理方案。那么在企业追求自身利益最大化的市场经济条件下，我国建筑企业应该具有足够的经济动机推动 IPD 模式应用于我国建筑工程，从而预防设计变更的发生，并获得因消除设计变更而节约的建造资金。

　　对于支持我国建筑工程应用 IPD 模式的合同架构，虽然目前我国建设方和建筑企业之间还没有出现上述第二种和第三种合同架构，但是第一种合同架构在我国是常见的，所以可以采用与国外相同的方式，基于 IPD 原则改造现有工程承包合同，从而重新约定项目参与方之间的责任关系，使得这种我国常见的合同架构能够支持基于 IPD 消除设计变更应用框架的实施。另外，对于上述第二种支持 IPD 模式的合同架构，虽然我国建设方及建筑企业之间还没有形成这样的工程项目组织结构，但是某些大型房地产企业和大型国有集团公司的内部组织结构与该合同架构下的组织非常相似，为了提高对工程项目进度和成本的控制能力，此类集团公司一般会成立建筑设计事业部和施工总承包事业部，或者建筑设计分公司与子公司和施工总承包分公司与子公司。图 3.3 所示为以某国有大型

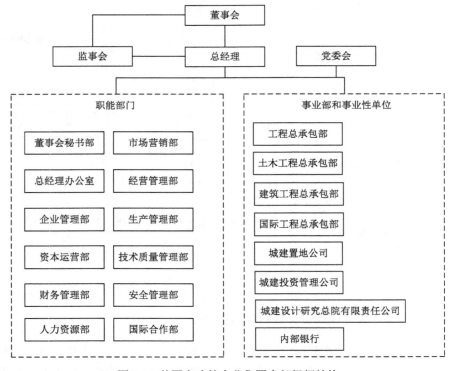

图 3.3　某国有建筑企业集团内部组织结构

建筑企业集团为例展示了此类集团公司的内部组织结构。由于设计方和施工方都属于同一家集团公司，因此它们之间的横向信息交流与协同工作受到集团公司的有效督促，从而在大型房地产企业或大型国有集团公司内部形成了事实上的上述第二种支持 IPD 模式实施的合同架构，也就认为这样的集团公司具有实施基于 IPD 模式消除设计变更应用框架的能力。对于第三种支持 IPD 模式的合同架构，由于其与我国现有合同架构差别太大，因此目前还没有找到一个合理且可行的替代措施。

　　综上所述，我国建筑行业能够满足实施 IPD 模式的两个必要条件，即我国建设方和建筑企业有足够的经济动机，并能够提供有效支持 IPD 模式的合同架构。这些落实到大型建筑企业集团预防设计变更问题上，就是将图 3.2 中我国建筑工程应用 IPD 模式的框架具体化为基于 IPD 模式消除设计变更的应用框架，如图 3.4 所示。针对设计变更问题，首先必须确定设计变更的经济规律；其次建设方和建筑企业集团在内部搭建适合 IPD 模式的合同架构和制定替代 IPD 标准合同的集团内部管理规定；再次根据参与方尽早参加、利益分享和风险共担及使用 BIM 技术三条 IPD 原则建立激励机制，作为预防设计变更发生的具体项目管理方法；最后根据体现该激励机制的协同工作流程及相应的应用性功能需求选择协同工作平台，从而得到一个以具体工程问题为切入点的 IPD 模式应用框架。

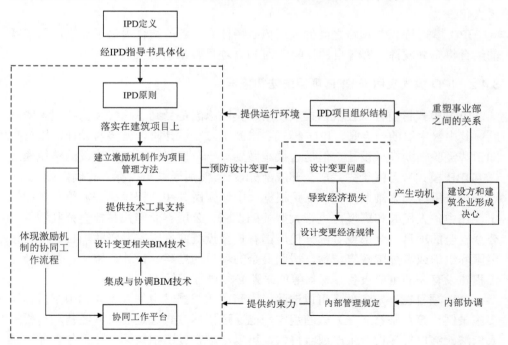

图 3.4　基于 IPD 模式消除设计变更的应用框架

3.4 在我国 PPP 项目中应用 IPD 模式的必要性和可行性

除了以上基于 IPD 模式消除设计变更的应用框架外，笔者还专门探索了 IPD 模式在我国 PPP 项目中应用的可能性[11]。

3.4.1 IPD 模式应用于我国 PPP 项目的契机

PPP 模式是指公共部门通过与社会资本建立伙伴关系来提供公共产品或服务的一种方式。这种模式引入了社会资本参与基础设施建设，既能缓解政府的资金压力，又能提高项目的整体开发效率。

PPP 项目和 IPD 模式都具有"协同合作、收益共享、风险共担"的核心特征。在 PPP 项目中，合作双方是项目发起人政府公共部门和参与项目的社会资本，合作覆盖 PPP 项目执行阶段的决策、融资、设计、建造、运营等过程。二者的共同目标是项目的综合收益最大化，其中公共部门的个体目标是提供高质量的社会服务，而社会资本的个体目标是获得尽可能多的投资回报。在 IPD 模式中，合作各方是工程建设阶段的各个参与方，合作覆盖项目的决策、设计及建设等阶段。各方的共同目标是项目的综合收益最大化，其中各个参与方的个体目标是自身利益最大化。

IPD 模式与 PPP 项目之间的共同核心特征为二者的结合提供了契机，而二者的结合将充分发挥二者各自的优势，为 PPP 项目带来新的机遇。

3.4.2 IPD 模式应用于 PPP 项目的法律依据

IPD 模式目前并未在我国推广使用，关键原因是受到了法律及传统观念的限制。其中最主要的一点是，IPD 模式要求施工方在设计阶段就参与设计，用自身知识和经验辅助指导设计，但是这很难做到。一是按照我国工程建设的传统模式（如 DBB 模式），习惯于先完成全部或部分设计，然后通过招投标方式确定施工方，这种传统思维观念难以改变；二是根据《中华人民共和国招投标法》第三条的规定，在中华人民共和国境内进行大型基础设施、公用事业等关系社会公共利益、公众安全的项目、全部或者部分使用国有资金投资或者国家融资的项目，以及使用国际组织或者外国政府贷款、援助资金的项目的勘察、设计、施工、监理及与工程建设有关的重要设备、材料等的采购必须进行招标。

PPP 项目在一定条件下可以清除以上障碍。根据《中华人民共和国招投标法实施条例》第九条第（三）款的规定，已通过招标方式选定的特许经营项目投资人依法能够自行建设、生产或者提供，可以不进行施工招投标。这里包含如下三个前提条件：

1）PPP 项目为特许经营类项目。根据社会资本参与的阶段和程度不同，PPP 项目可以分为外包类项目、特许经营类项目和私有化类项目[12]。在特许经营项目中，公共部门与社会资本签订特许经营权协议，使社会资本在一段时间内拥有该项目的使用或所有权，并从中获得投资回报，但是在协议结束后要求社会资本将项目的使用或所有权移交给公共部门。

2）PPP 项目需要通过公开招投标方式选定同公共部门合作的社会资本。根据《政府和社会资本合作模式操作指南》的规定，项目采购方法包括公开招标、竞争性谈判、邀请招标、竞争性磋商和单一来源采购等。

3）被选中的社会资本要能够依法自行建设、生产或提供。在此条件下参与 PPP 项目的社会资本需要是一家施工企业或至少包含施工企业。

如果满足以上条件，就可以规避施工阶段的招标，进而可以使用 IPD 模式进行项目管理。

3.4.3　IPD 模式在 PPP 项目中应用的可操作方式

在上述现有的法律框架下，可以考虑如下两种 IPD 模式在 PPP 项目中应用的可操作方式。

1. 非融资型方式

如图 3.5 所示，政府公共部门通过公开招标方式选定一家施工企业作为社会资本并与之组成 PPP 项目公司；在项目融资阶段，由该 PPP 项目公司负责融资；在项目建设阶段，无须二次招标，可以根据施工企业的经验及意愿选定设计方、分包方、供应商等其他参与方，采用 IPD 模式中多个独立合同、单个多方合同或单一目的实体合同中的一种进行项目开发；项目建设结束后，IPD 合同关系解除，其他参与方退出项目，由 PPP 项目公司进行项目的经营并获得投资回报。

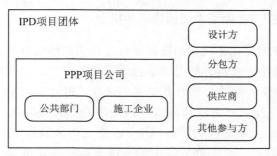

图 3.5　IPD 模式应用于 PPP 项目的非融资型方式

2. 融资型方式

如图 3.6 所示，施工企业根据自己的意愿及经验选定设计方、分包方、供应商等参与方，签订 IPD 合同，组成 SPE 公司；再由 SPE 公司参加政府公共部门 PPP 项目社会资本的公开招投标，中标后 SPE 公司和公共部门再组成 PPP 项目公司进行融资；在项目建设阶段，按照单一目的实体合同进行项目开发；项目建设结束后，SPE 公司不解散，即其他参与方不退出项目，而是共同运营项目并获得投资回报。

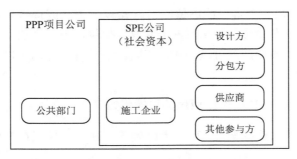

图 3.6　IPD 模式应用于 PPP 项目的融资型方式

两种模式的区别在于，除施工企业外的项目建设其他参与方是否在 PPP 项目公司之内。非融资型方式相当于把 IPD 模式直接拿来应用于 PPP 项目建设阶段的项目管理之中，可以使用 3 种 IPD 合同架构中的任意一种；而融资型方式则相当于将 IPD 模式的应用阶段分别向前和向后扩展到了项目的融资和运营阶段，并且出于融资和运营的目的，应选择集合程度最高的单一目的实体合同。与前者相比，后者合作级别更高，更有利于发挥 IPD 模式的优势；同时，后者的社会资本由多参与方构成，可在一定程度上降低融资难度，分散项目风险。

3.4.4　IPD 模式在 PPP 项目中应用带来的机遇

总体来看，PPP 模式在我国的发展仍存在相关法律法规体系不完善、参与主体间缺乏协调、风险与收益分配机制不合理等问题[13-14]。这些问题需要社会与市场的不断变化与进步去解决。结合具体案例来看，PPP 项目的许多问题归根结底是风险问题[15]，导致项目失败的风险包括法律变更风险、政府信用风险、不可抗力风险、融资风险、市场收益不足风险、收费变更风险等 13 项风险[16]。将 IPD 模式应用于 PPP 项目将显著降低其中的一部分风险，如市场收益风险、融资风险等。

通过分析得知，若采用前文提出的可操作方式，将 IPD 模式应用于 PPP 项目，则能够为 PPP 项目在我国的发展带来以下几点机遇。

1. 增加 PPP 项目的综合收益

在 PPP 项目中，社会资本通常通过两种方式获得投资回报，即使用者付费和政府付费。政府付费是指在项目建设完成后，社会资本向政府公共部门提交公共服务，政府公共部门按照服务的可用性支付给社会资本一定资金，以弥补其建设投资并使其获利；使用者付费是指在项目建设完成后，由社会资本对公共服务进行运营，并向使用者收取一定的费用，以弥补自身的建设投资并获得利益。

在特许经营类 PPP 项目中，由于社会资本在项目建设完成后的一段时间内拥有该项目的使用权或所有权，因此通常为使用者付费项目。但是由于项目实际建设中的风险导致项目成本上升，以及项目运营过程中的市场收益风险，仅依靠使用者付费有时并不能满足社会资本的期望收益。于是出现了第三种方式——可行性缺口补助，即当仅靠使用者付费所获的收益不能满足社会资本的收益需求时，由政府公共部门出资补足。

在全国 PPP 综合信息平台项目库中，可行性缺口补助类项目不在少数。从本质上看，在这类项目中政府仍不能完全摆脱资金压力。因此，需要尽可能增加项目的综合收益，尽量让使用者付费就满足社会资本的收益需求，减小可行性缺口补助的概率。但是，提高使用费用是行不通的：PPP 项目带有公益性质，提高使用价值将有可能引发使用者的不满。因此，增加综合收益只能依靠降低建设及运营成本。

美国学者的研究表明，在工程项目中，前期的多方参与和合作可以使项目总成本降低 10%[17]。在 PPP 项目中使用 IPD 模式进行项目管理，发挥其各参与方在项目早期提前介入的优势，充分利用各方的知识和经验，在前期设计阶段就考虑施工及运营阶段可能出现的问题，从而尽最大可能减小项目变更的风险，降低项目成本，提高综合收益。

2. 促进中小型民营企业参与 PPP 项目

现阶段在我国，中央企业、国有企业由于自身的融资能力强、资源整合能力强且与政府公共部门之间长期保持良好的合作关系，因此是目前 PPP 项目社会资本的主力军。不少实力较强的民营企业虽也通过各种方式参与 PPP 项目，但是大多数的中小企业却由于自身融资能力较弱、风险管理水平较低而难以在 PPP 项目上扩展自己的产业链。这与 PPP 项目拉动民间投资的初始目标差距较大[18]。

将 IPD 模式的使用阶段向前向后拓展至融资及运营阶段，如前文提出的融资型方式，使由多参与方构成的 SPE 公司作为社会资本将为中小型民营企业参与 PPP 项目提供机遇。中小型民营企业，特别是建筑行业的企业，可以作为 IPD 模式中的其他参与方加入 SPE 公司，共同为项目融资并通过项目运营获得投资回报。

SPE 公司中一定包含施工企业,而施工企业通常为大型国有企业,拥有较强的融资能力和风险管控能力,中小型民营企业利用与其合作的方式参与 PPP 项目,将大幅降低自身的融资难度和融资风险。

因而,在 PPP 项目中使用 IPD 模式,可以在一定程度上降低 PPP 项目的门槛,从而促进中小型民营企业参与 PPP 项目。

3. 促进 IPD 模式在我国的推广使用

IPD 模式作为一种先进的项目管理模式,在降低成本、缩短工期等方面有着不可替代的优势,势必成为未来我国工程建设领域转型的趋势之一。但是由于法律法规及传统思维观念的限制,IPD 模式还不能在我国广泛使用。

如今,PPP 项目在我国正如火如荼,而且在 PPP 项目中使用 IPD 模式也具有可行性,因此 PPP 项目可以为 IPD 模式的发展提供一个平台,成为在我国应用 IPD 模式的一个良好开端。一方面,PPP 项目大多为具有一定施工难度及技术复杂性的大型基建项目,而 IPD 模式对于大型复杂项目更具应用效果,在 PPP 项目中应用 IPD 模式可以充分发挥其优势,提升业内对 IPD 模式的认可度;另一方面,在 PPP 项目中涉及政府公共部门、国有企业及民营企业等更多参与方,并且在建设完成后面向大众,这也有利于提升 IPD 模式的知名度,从而可以促进 IPD 模式在我国的推广使用。

■■■■■■■■■■■■■■■■■■■ 本 章 小 结 ■■■■■■■■■■■■■■■■■■■

本章分析了我国建筑工程实施 IPD 模式的两个必要条件,即实施 IPD 模式的推动力和适用于 IPD 模式的工程项目合同架构。在此基础上,结合国外 IPD 应用框架,建立了宏观上适用于我国的基于 IPD 消除设计变更的应用框架。同时,进一步分析了 IPD 模式在我国 PPP 项目中应用的必要性和可行性。

参 考 文 献

[1] 马健坤. IPD 用于我国建筑工程的激励机制及协同平台需求研究[D]. 北京:清华大学, 2015.

[2] EL-ADAWAY I H. Integrated project delivery case study: Guidelines for drafting partnering contract [J]. Journal of Legal Affairs and Dispute Resolution in Engineering and Construction, 2010(4): 248-254.

[3] VOLKER L,KLEIN R. Architect participation in integrated project delivery-the future mainspring of architectural design firms[J].Gestão & Tecnologia de Projetos, 2010, 5(3): 22-37.

[4] SINGLETON M S,HAMZEH F. Implementing integrated project delivery on department of the navy construction projects [J].Lean Construction Journal 2011: 17-31

[5] MATTHEWS O, HOWELL G A. Integrated project delivery an example of relational contracting [J]. Lean

Construction Journal 2005: 46-61.

[6]　GHASSEMI R, BECERIK-GERBER B. Transitioning to integrated Project Delivery: Potential barriers and lessons learned [J]. Lean Construction Journal 2011: 32-52.

[7]　KU K. The core of eden: a case study on model-based collaboration for integared project delivery [C]// Construction Research Congress 2009, Seattle: ASCE, 2009: 969-978.

[8]　ABRAMOVITZ D. IPD: The AIA delivers a multi-party agreement [J]. Journal of News Bulletin, 2010, (2): 13-14.

[9]　WOOD P, DUFFIELD C. In pursuit of additional value–A benchmarking study into alliancing in the Australian public sector [J]. Melbourne, Australia, The University of Melbourne, 2009.

[10]　HAMZEH F R, BALLARD G, TOMMELEIN I D. Is the last planner system applicable to design? —a case study [C]// Proceedings of the 17th IGLC Conference, Taipei: International Group for Lean Construction, 2009: 165-176.

[11]　马智亮，李松阳. IPD 模式在我国 PPP 项目管理中应用的机遇和挑战[J]. 工程管理学报，2017，31(5): 96-100.

[12]　王灏. PPP 的定义和分类研究[J]. 都市快轨交通，2004 (5): 23-27.

[13]　中国人民银行内江市中心支行课题组，刘建康. PPP 模式介绍及主要问题分析[J]. 西南金融，2015(11): 12-16.

[14]　邱峰. PPP 模式的发展、问题及其推广策略[J]. 吉林金融研究，2015(1): 13-18.

[15]　伍迪，王守清. PPP 模式在中国的研究发展与趋势[J]. 工程管理学报，2014，28(6): 75-80.

[16]　亓霞，柯永建，王守清. 基于案例的中国 PPP 项目的主要风险因素分析[J]. 中国软科学，2009(5): 107-113.

[17]　滕佳颖，吴贤国，翟海周，等. 基于 BIM 和多方合同的 IPD 协同管理框架[J]. 土木工程与管理学报，2013，30(2): 80-84.

[18]　张惠. 民间资本参与 PPP 项目面临的障碍与对策[J]. 南方金融，2016(10): 79-83.

第4章 我国 IPD 项目实施模型

当前国外 IPD 项目的实施多依靠标准合同和相关指南来展开，标准合同并不适用于我国，而相关指南多是对 IPD 原则、基本特征进行了规定，较为抽象与概念化，缺乏可操作性。为此，笔者通过收集、分析、统计大量典型 IPD 项目案例，明确了实际 IPD 项目实施的具体特征，并建立了包含这些具体特征及其之间关系的 IPD 项目概念模型。由于国内外建筑工程行业的差异性，因此国内依然不能照搬以上源于国外 IPD 项目案例的概念模型。笔者走访国内实际工程项目的各参与方，根据其对 IPD 模式的意见对概念模型进行了细化，建立了 IPD 项目实施模型，规定了 IPD 模式在我国建筑工程项目中如何落地与实施[1-2]。

4.1 IPD 项目概念模型

作为基础，应首先明确什么是 IPD 项目。IPD 相关文献已对 IPD 项目的概念、定义、特点等进行了明确规定，实际 IPD 项目在遵循其概念与定义的前提下确定自己的实施方法。本书的研究目的是服务于实际 IPD 项目，其研究基础不能仅仅是 IPD 理论，还应包括实际的 IPD 项目案例。笔者从实际 IPD 项目案例出发，提炼出其实施的具体特征，并在此基础上建立 IPD 项目概念模型，作为后续研究的理论基础。

4.1.1 IPD 项目案例收集

为了使归纳结果准确可靠，需要尽可能多地收集 IPD 项目的案例。笔者通过查阅有关官方网址、检索相关文献等方式进行了广泛的资料收集，最终获得了 22 个较为完整的 IPD 项目案例。这些案例的基本情况如表 4.1 所示。这些案例来源权威，在规模上涵盖大型、中型、小型工程，在工程类型上涵盖翻修、新建两种类型，在功能上涵盖办公楼、学校、医院、展馆等常见建筑，涵盖范围广，具有代表性，因此在此基础上进行归纳得出的结果是可靠的。

表 4.1 IPD 项目案例基本情况

编号	项目名称	项目类型	项目预算/万美元	项目规模/km²	项目实施年份	来源
1	卡斯特罗谷萨特医学中心（Sutter Medical Center, Castro Valley）	新建	32000	未说明	2007~2011	BIM 手册[3]
2	大教堂山医院（Cathedral Hill Hospital）	新建	100000	80	2005~2010	AIA IPD 案例

续表

编号	项目名称	项目类型	项目预算/万美元	项目规模/km²	项目实施年份	来源
3	伊迪丝-格林-温黛尔-怀亚特联邦大楼（Edith Green Wendell Wyatt Federal Building）	翻修	12000	50	2006~2010	AIA IPD 案例
4	梅西健康合伙人设施（Mercy Health Partners Facility）	翻修	1900	8.4	2009~2011	AIA IPD 案例
5	劳伦斯&席勒内部办公室（Lawrence & Schiller Interior Office）	翻修	50	0.65	2010~2011	AIA IPD 案例
6	斯帕玻璃奥斯丁地区办公室（Spaw Glass Austin Regional Office）	翻修	280	1.4	2010~2011	AIA IPD 案例
7	欧托克建筑行业解决方案子业务总部大楼（Autodesk Inc. AEC Solutions Division Head Quarters）	翻修	1300	5.1	2008~2009	AIA IPD 案例
8	萨特健康费尔菲尔德医学公室（Sutter Health Fairfield Medical Office）	新建	2000	6.5	2005~2007	AIA IPD 案例
9	SSM 格雷侬助教儿童医学中心诊所（SSM Cardinal Glennon Children's Medical Center Surgery）	新建	4700	13	2005~2007	AIA IPD 案例
10	SSM 圣克莱尔健康中心（SSM St. Clare Health Center）	新建	15000	40	2005~2009	AIA IPD 案例
11	环绕健康中心（Encircle Health Center）	新建	3700	15	2006~2009	AIA IPD 案例
12	沃尔特-克朗凯特新闻与大众传播学院（Walter Cronkite School of Journalism and Mass Communication）	新建	7100	21	2006~2008	AIA IPD 案例
13	伊甸园核心（The Core of Eden）项目	新建	1300	未说明	2003~2005	论文[4]
14	华盛顿州贝尔维尤尔通医院（Children's Hospital, Bellevue, WA）	新建	未说明	未说明	2009	论文[5]
15	教父青少年大楼（Los Padrinos Juvenile Hall）	扩建	2900	3.4	未说明	论文[6]
16	波马纳医院（Pomona Hospital）	新建	未说明	5.1	未说明	论文[6]
17	欧托克一号市场（Autodesk One Market）项目	翻修	1000	3.7	未说明	论文[6]
18	布里格姆青年大学（Brigham Young University）	新建	1500	未说明	未说明	论文[6]
19	格兰特-乔尼联合中学（Grant Joint Union High School）	新建	15000	未说明	未说明	论文[6]
20	西洛杉矶大学（West Los Angeles College）	新建	未说明	3.5	2004~2005	论文[6]
21	萨克拉曼多萨特医学中心（Sutter Medical Center Sacramento）	新建	72400	未说明	2003~2011	论文[6]
22	某住宅建筑的饮食中心（A Dinning Center at a Residence Hall）	翻修	1170	未说明	2012	论文[7]

4.1.2 IPD 项目实施具体特征统计分析

基于 IPD 的定义与原则，笔者从 IPD 项目的目标、合同、组织架构、团队关系、管理手段、技术手段 6 个方面出发，归纳 IPD 项目实施的具体特征，其结果如表 4.2 所示。

1. 目标

在 IPD 项目实施之前，建设方、设计方、总包方、分包方等共同制定项目的造价、工期、质量等目标。与传统工程项目交付模式相比，目标制定者并非只有建设方与设计方，施工方、关键分包方等在目标制定过程中也发挥了重要作用，从而使其更符合各参与方的利益。在案例中，54.5% 的项目的目标由多方共同制定。在这些工程项目中，各参与方对目标的执行也更加严格，项目的目标绝大多数能够完全实现。剩余的项目，目标由建设方单独制定，导致其中部分项目的目标执行过程出现问题。例如，案例 15、18、19 出现了设计变更增多的问题，案例 17 出现了参与方要求建设方修改目标的情况，这些问题阻碍了 IPD 项目的顺利实施。

2. 合同

传统的工程项目合同架构鼓励各参与方关注自身利益而忽视项目整体利益，使整体效率降低，参与方之间分歧增多。在 IPD 项目实施过程中，核心参与方（建设方、设计方、总包方）共同签订多方关系型合同。其中，该合同由多方共同签订，保证各参与方对项目的成本、工期等担负共同责任，成为风险共担、利益共享的共同体。同时，该合同为关系型合同，区别于常见的事务性合同，关系型合同不只关注项目实施结果，更关注项目实施过程。该合同可对项目实施过程中各方的权利、义务进行详细规定，保证 IPD 项目的执行过程有据可依。

目前比较常用的 IPD 项目交付模式的标准合同范本包括 AIA C195、AIA C191 和 ConsensusDOCS 300 等。在 22 个案例中，72.7% 的项目使用了上述合同范本；27.3% 的项目限于当地法律、各参与方习惯、工期限制等因素，采用了传统的合同范本。在未采取 IPD 标准合同的项目中，项目的执行过程、利益分配机制由管理团队根据实际情况进行灵活规定。此方式不具备法律上的强制性，适用于具有长期合作关系的 IPD 项目团队采用。

3. 组织架构

IPD 项目常采用三层组织架构，分别如下：

1）项目决策委员会：由建设方、设计方、总包方、重要咨询方的领导组成，负责就项目重大事宜进行决策，解决项目管理小组无法解决的各参与方之间的纠

表 4.2 IPD 项目案例特征统计

分类	具体特征	1	2	3	4	5	6	7	8	9	10	11	12	13	14	15	16	17	18	19	20	21	22	比例/%
目标	各方共同制定目标	√	√	√	√	√		√	√			√			√		√				√	√		54.5
合同	多方共同签订关系型合同	√	√	√	√	√	√	√	√	√		√		√	√	√	√	√			√	√	√	72.7
组织架构	三层组织架构	√	√	√	√	√	√	√	√		√	√		√	√		√				√	√	√	72.7
团队关系	风险共担、利益共享	√	√	√	√	√	√	√	√		√	√		√	√		√		√		√	√	√	72.7
	密切协同、信息共享	√	√	√	√	√	√	√	√	√	√	√	√	√	√	√	√	√	√	√	√	√	√	100.0
	民主平等	√	√	√	√	√	√	√	√	√	√	√	√	√	√			√	√		√	√	√	81.8
	公开财务	√	√	√	√	√	√	√	√	√	√	√	√	√	√	√	√	√	√	√	√	√	√	100
	各参与方提前参与	√	√	√	√	√	√	√	√	√	√	√	√	√	√	√	√	√	√	√	√		√	90.9
	大屋					√				√	√					√	√	√		√			√	45.5
管理手段	强化会议制度	√	√	√	√	√	√	√	√	√	√	√	√	√	√	√	√	√	√	√	√	√	√	100.0
	末位计划系统	√	√		√	√	√	√					√	√	√		√			√	√		√	50.0
	目标价值设计	√	√		√	√	√	√					√	√	√		√	√			√			45.5
	基于集合的设计	√	√		√			√			√	√									√		√	45.5
技术手段	基于BIM的设计软件	√	√	√	√	√	√	√	√			√	√	√	√			√	√		√	√		77.3
	基于BIM的各专业数据交换	√	√	√	√	√	√	√				√	√		√	√		√		√	√	√		72.7
	基于BIM的计价软件	√		√				√	√				√											22.7
	网络交流平台	√	√	√	√														√		√		√	27.3
	数据中心	√	√				√		√	√		√			√		√		√		√			40.9

注：√表示项目具备该特征。

纷。当纠纷仍无法处理时，建设方具有最终裁定权。

2）项目管理小组：由建设方、设计方、总包方、分包方、重要咨询方在本项目的负责人组成，负责协商确定项目事务，由建设方相关负责人召集。

3）实施小组：分工负责项目某一方面的主要工作。在项目不同阶段的开始时，各实施小组分别由同一参与方人员构成，并由其他相关参与方提供人员作为补充以提供支持。例如，结构设计小组主要由结构设计方人员组成，但是需要总包方提供人员予以支持，以提升结构设计的可施工性。

在案例中，有 72.7%的项目采取了以上组织架构。

4. 团队关系

IPD 以"集成"这一核心理念为指导，集成不同参与方的人员、信息、知识等资源为项目整体利益服务，从而促使项目达到最优结果。要实现这一集成，需要将参与方个体利益与项目整体利益绑定，驱动各参与方为项目整体利益服务。在 22 个案例中，72.7%的项目通过合同约定、管理规定等方式，建立利益池、意外开支基金（contingency fund）等分配制度。

在此利益分配方式驱动下，各参与方"密切协同，信息透明"，共同服务于项目整体利益，这是 IPD 项目得以顺利实施的根本前提。在 22 个案例中，绝大多数项目描述对这一原则进行了强调，且该原则在项目实施的每一个环节均有体现。

针对 IPD 项目的新特点，传统的自上而下的领导方式已不适用于其管理模式。在 22 个案例中，81.8%的项目吸收各参与方代表组成管理委员会，各参与方平等地参与决策。该委员会在进行项目管理、重大决策、纠纷处理时，有效地吸收各方经验，平衡各方利益，使做出的决策更加优化，各方之间的利益冲突得到有效化解。同时，该方式大大提高了各参与方为项目整体利益服务的积极性。

5. 管理手段

与传统的项目交付模式相比，IPD 项目各参与方需要进行更密切的协同工作，更频繁的信息交流与更严格的进度、造价、质量控制。为实现这些目标，在 22 个案例中，一些先进的管理手段被运用，以提高 IPD 项目的管理水平，主要包括以下几个方面。

（1）公开财务

IPD 项目合同使各参与方成为风险共担、利益共享的共同体，这在客观上要求各参与方做到财务公开。同时，只有公开财务，避免隐藏支出，才能减少工程造价超出项目造价目标的风险。在 22 个案例中，所有 IPD 项目的参与方均将自身的财务状况进行了公开。

（2）各参与方协同工作

IPD 项目中，自项目开始起，每一项决策、设计工作均由各参与方共同协作完成。各参与方的交流频率提高、深度较传统项目交付模式大幅增加，提高交流效率对 IPD 项目的实施至关重要。在 22 个案例中，各参与方的协同工作通过以下 3 种方式实现：

1）各参与方提前参与。IPD 项目要求项目关键参与方（建设方、设计方、总包方、关键分包方等）尽早地参与到项目中。在项目实施的全过程中，各参与方将自身的知识与经验运用到工程项目的各项工作中，降低错误发生的概率，提高项目效率。同时，将基于总包方、关键分包方知识与经验的设计优化工作大大提前，减少因优化而导致的工作量。在 22 个案例中，90.9%的项目采用了这一管理手段。与传统项目交付模式相比，这些项目的变更、返工等情况的数量大大减少，且项目质量，尤其是设计质量大大提高。

2）大屋。在 22 个案例中，45.5%的项目的各参与方在同一办公地点，即大屋中工作，交流以面对面的方式进行。为提高交流效率，该场所提供多媒体设备、专业软件、黑板等软硬件设施，各参与方利用这些软硬件设施进行高效交流。

3）强化会议制度。与传统项目交付模式不同，对于 IPD 项目，会议不仅是决策、协调的场所，也是处理各类日常工作的主要场所。在调研的所有 IPD 项目中，会议的频率越高（至少每天一次），参加会议的参与方越全。各参与方在各类会议上进行设计、计划、协调、决策等工作，可以做到发现问题后及时协调、及时解决。

（3）应用精益建造管理方法

IPD 项目中，多专业之间密切的协同工作使项目的精细化管理成为可能。在案例中，大多数项目团队在不同程度上应用了精益建造管理方法，以提高工作效率。其中，末位计划系统、目标价值设计、基于集合的设计方法得到了较广泛的应用，其应用比例分别为 50%、45.5%、45.5%。关于以上各方法的介绍见 2.6.3 节、2.6.4 节和 2.6.5 节。

6. 技术手段

在理论上，IPD 作为一个工程项目管理概念，如果脱离各类信息技术手段，单纯通过前述合同约束、组织原则、管理手段等也可实现，但是实施难度大，效果不理想。特别是，IPD 项目的信息、知识等资源的集成都需要各类信息技术的支撑，信息技术在 IPD 项目中扮演着重要的角色。因此，本书将 IPD 项目中涉及的各类信息技术手段也作为 IPD 项目的特征进行了统计。在所调研的案例中，所有 IPD 项目均在不同程度上使用了各类信息技术，主要包括以下几个方面。

（1）基于 BIM 的设计软件

与传统二维图纸相比，BIM 模型可更直观、详细地展示建筑信息，多参与方可方便地讨论某专业设计结果，实现 IPD 项目各参与方之间的密切协同。在 22 个案例中，77.3%的项目采用了基于 BIM 的设计软件。

（2）BIM 的各专业数据交换

在 IPD 项目实施过程中，为配合各专业人员之间的密切交流与协同，各专业软件之间需要进行频繁的信息交换及整合。为此，应使用支持开放数据格式（如 IFC 格式）的专业软件，以保证信息流动的畅通。在 22 个案例中，72.7%的项目在不同程度上实现了这一点。

（3）基于 BIM 的计价软件

目标价值设计要求造价计算要有很高的效率与准确性，以便及时为设计提供准确的工程造价计算结果作为参考。因此，使用自动或半自动的基于 BIM 模型的计价软件进行工程造价计算是非常必要的。在 22 个案例中，22.7%的项目应用了基于 BIM 模型的计价软件，该应用比例较低，并非因为该类软件不必要，更多的是因为软件技术水平的限制。

（4）网络交流平台

在 IPD 项目中，各专业人员需要进行频繁的讨论与交流。对于小型 IPD 项目，大屋可以满足交流需求；但对于大型 IPD 项目，由于参与人员众多且办公位置分散，为满足交流需求，网络交流平台必不可少。在 22 个案例中，27.3%的项目应用了网络交流平台，但其应用深度有限，仅限于进行视频会议，作为大屋的补充形式。

（5）数据中心

数据中心能够对各专业提交的数据及各类文件进行集中管理，并具有权限管理、版本管理等基本功能。在此基础上，数据中心能够对多专业的 BIM 模型进行整合与管理，实现多专业信息集成。在 22 个案例中，40.9%的项目建立了数据中心，但是大多数只具备文件管理功能，尚不具备 BIM 模型管理功能。

4.1.3 IPD 项目概念模型建立

从上述分析、统计中可以发现，IPD 项目实施的具体特征并非孤立存在，其间存在相互支持、制约的关系。为此，通过建立这些具体特征之间的关系，将以上离散的特征系统化为 IPD 项目概念模型，如图 4.1 所示。

在该模型中，IPD 项目各参与方共同制定整个项目的目标，并协商制定 IPD 项目合同，抽调人员组建 IPD 项目团队组织架构。IPD 项目合同作为整个项目的指导性文件，对项目目标、各参与方权利与义务、项目的团队关系、项目实施过程等方面的内容进行详细规定。IPD 项目团队关系的培养与维持是 IPD 项目实施成败的关键。基于该团队关系，多种先进管理手段得到应用，用以提升项目实施效率。在技术上，网络交流平台、数据中心等的使用有力地支持了各类管理手段的实现。

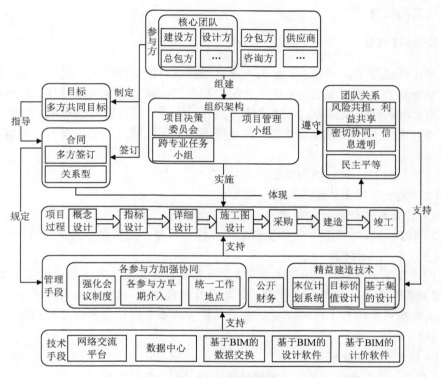

图 4.1　IPD 项目概念模型

4.2　IPD 项目实施模型

4.2.1　国内建筑工程项目各参与方访谈

以上 IPD 项目概念模型完全来自对国外 IPD 文献与案例的调研，其是否能在国内落地尚存疑问。为分析 IPD 模式在我国难以落地的原因及如何改进，笔者对国内工程行业现状及从业人员对 IPD 模式的建议进行调研。由于调研对象不了解 IPD，需向其普及相关知识，且要调研的内容较多、深度较深，为非结构化的，因此笔者未采用调查问卷的方法针对大量对象进行调研，而是选取典型的国内建筑工程项目，对其所有参与方（包括建设方、设计方、总包方、暖通分包方、给排水分包方、电气分包方、供应商等）的主要管理人员进行一对一访谈，共访谈

18 人。访谈对象所属的专业全面，均来自国内大型工程企业，大多数具有十余年的从业经验，有着丰富的项目经历，对工程行业的现状有着深入的理解，其观点与意见具有很强的代表性，其对 IPD 模式的态度、改进意见可作为建立 IPD 项目实施模型的依据。

1. 访谈内容

在访谈过程中，一方面了解国内建筑工程项目的实际情况，另一方面在向访谈对象介绍 IPD 项目原则与协同工作概念模型的基础上，与其探讨 IPD 模式在国内落地面临的困难及需要进行的调整。此外，笔者了解访谈对象对拟开发的 IPD 项目协同工作平台的期望与意见。访谈提纲如下，针对不同的参与方，内容会略有调整。

（1）介绍 IPD 项目概念模型

（2）关于项目团队组织架构

1）请介绍传统项目组织架构。

2）IPD 项目常采用的三层组织架构，特别是跨专业实施小组是否可行？

（3）关于项目流程

1）请简要介绍当前项目实施流程，以及各参与方在项目不同阶段的主要工作。

2）若不考虑法律与商务障碍（如招投标的限制），仅从实施角度来看，传统项目实施流程中哪些工作可以提前进行？提前到哪个阶段较为合理？预期会有哪些收益？

（4）关于末位计划系统

1）请介绍在传统项目中，项目协同工作计划（包括设计计划与施工计划）是如何制订及执行的？

2）LPS 是否可行？

3）LPS 有哪些需要改进的地方？

（5）关于目标价值设计

1）请介绍在传统项目中，从规划阶段开始，设计是如何对项目成本进行控制的？建设方需求是如何建立、变更、实现的？

2）TVD 是否可行？

3）TVD 有哪些需要改进的地方？

（6）关于基于集合的设计

1）请介绍在传统项目中，如何在多个备选方案中选择最优方案？

2）SBD 是否可行？

3）SBD 有哪些需要改进的地方？

（7）关于强化会议制度与大屋

1）实际项目中，会议间隔时间多长？不同项目阶段的会议内容是什么？

2）不考虑现实条件的制约，最理想的例会频率是多少？

3）召开会议时，最关注哪些内容？

4）BIM 对会议讨论是否有价值？能发挥哪些方面的作用？

5）能否接受在大屋中进行协同工作？对大屋有哪些改进意见？

（8）技术手段

1）在参与过的项目中，哪些基于 BIM 的软件被应用？应用过程中面临哪些问题？

2）在以往项目中都采用了哪些协同工作平台？对协同工作平台提供的功能哪些是满意的？哪些是不满意的？

3）若开发新的基于 BIM 的 IPD 项目协同工作平台，最需要哪些功能？

2. 访谈结果

从获得的访谈记录中，笔者重点抽取并总结出访谈对象所认为的 IPD 模式在我国落地面临的困难及对 IPD 模式的改进建议，如表 4.3 所示。

表 4.3　IPD 模式落地面临的困难及改进建议

分类	困难	改进建议
项目团队组织架构	各参与方工作的专业性较强，非本专业人员所能做的工作有限，一般只能起到评审与提出修改意见的作用	组建虚拟跨专业实施小组，专业工作仍由各参与方独立完成，但是将其阶段性成果及时提交给其他相关参与方进行评审
项目流程	IPD 项目的流程阶段划分与国内不同	依然采用国内的项目流程划分方式，即概念设计、初步设计、施工图设计、施工、项目验收
项目流程	在概念设计阶段与初步设计阶段，由于大多数设计工作尚未完成，因此总包方、分包方尚无法开展大部分工作	在概念设计与初步设计阶段，总包方与关键分包方抽调少量人员跟进项目，结合自身经验，针对完成的阶段性设计成果进行成本、工期初步估算，评价可施工性，并提出优化意见。在施工图设计阶段，总包方、分包方加大人员投入，完成施工图深化、施工图成本计算、施工组织设计等工作，在施工图设计阶段即完成全部施工准备工作
项目流程	为避免黑箱操作，供应商不宜过早参与到设计过程中	供应商可在施工图设计阶段后期，即绝大多数设计工作与施工准备工作完成时参与到项目中，以向设计方、总包方、分包方提供产品详细信息
末位计划系统	末位计划系统能够提高协同工作计划的可靠性，但过于复杂，很难在工程项目中实施	可不严格按照末位计划系统的规定来制订、执行协同工作计划，但可引入末位计划系统中部分有价值的工作方法与思想，如拉式计划方法、根据计划执行情况及时调整计划的思想等，以提高计划的可靠性

续表

分类	困难	改进建议
目标价值设计	评审意见过多,难落实	应有专人负责跟踪评审意见的落实
	由评审意见引起的修改过多,会导致版本过多且混乱,不同参与方创建的提交物之间易出现不一致的情况	现有的版本管理方法无法满足要求,应设计一套新的版本管理方法
基于集合的设计	多方案并行,在协同工作、信息管理方面出现混乱	协同工作计划的制订、执行应更加精细化,应建立新的版本管理方法
	若并行实现多个项目整体方案,工作量太大;且当前建筑行业已非常成熟,多个整体方案的优劣能较早地确定,无须深入开发	在解决某些重要问题时,可参考基于集合的设计方法,并行实施,比选多个方案
强化会议制度	会议过于频繁反而会干扰各参与方工作,降低工作效率	除特殊情况外,会议以例会为主,时间间隔为一周
大屋	各参与方不习惯大屋,习惯于在各自工作地点进行工作,相关的软硬件设施较为齐全,且便于公司管理	建立临时大屋,即当多个参与方需要进行紧密的协同工作时,临时在大屋中集中办公一段时间。最理想的情况是取消大屋,各参与方之间的协同工作完全在网络上进行
	同一个参与方人员可能同时参与多个项目。在工作量不大的项目阶段,全职在某一个项目的大屋中工作会造成人力资源的浪费	
技术手段	当前 BIM 技术应用深度较浅,尚不足以支撑 IPD 项目	应深化 BIM 技术的应用
	当前协同工作平台功能有限,一般仅利用其文件管理与共享功能	应开发专门服务于 IPD 项目的协同工作平台

4.2.2 IPD 项目实施模型建立

基于 IPD 项目概念模型及以上对 IPD 模式的改进建议,本书建立了 IPD 项目实施模型,以规定在国内实施 IPD 项目的要素,如图 4.2 所示。该实施模型由三个基本要素构成,即工作流程、组织架构及信息。这三个基本要素相交构成了三个交叉要素,分别为协同工作、信息传递与交流。

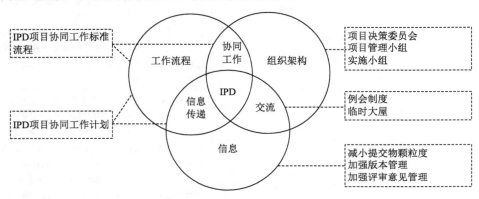

图 4.2　IPD 项目实施模型

1. 组织架构

IPD 项目依然采用 4.1.2 节所述的由项目决策委员会、项目管理小组、实施小组组成的三层组织架构。

除以上三层组织架构外，还需设置 IPD 项目协调员，用于协调 IPD 项目团队的协同工作。

2. 工作流程

工作流程可分为两类，分别是 IPD 项目协同工作计划与 IPD 项目协同工作标准流程。前者规定了各参与方创建、修改、评审各提交物的顺序，也可看作信息传递的流程；后者规定了日常协同工作的标准流程，各参与方按照该标准流程协调之间的工作，推进协同工作计划的制订、修改与执行。两者分别体现在信息传递与协同工作两个要素中。

3. 信息传递

各参与方之间的信息传递主要体现在协同工作计划中，协同工作计划包含一系列任务，以及任务的信息输入、信息输出、约束、执行人等信息。本章采用 IDEF0 方法表达协同工作计划模型，如图 4.3 所示。

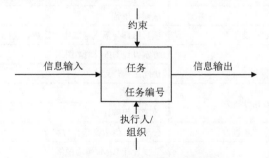

图 4.3　协同工作计划包含的任务

对于不同的建筑工程项目，其协同工作计划随着实际情况的不同存在很大差别，无法进行统一的规定。但是，从各参与方尽早参与 IPD 项目的原则及我国建筑工程行业的实际情况出发，可以从整体上规定在项目不同阶段，需要哪些参与方参与到协同工作中及这些参与方需要创建哪些信息，即建立 IPD 项目整体协同工作计划模型，如图 4.4 所示。对该整体协同工作计划模型中包含的信息项的说明如表 4.4 所示。在该整体协同工作计划模型的指导下，在 IPD 项目的不同阶段，IPD 项目协调员可根据实际情况制订详细的协同工作计划，以规定如何完成整体协同工作计划中规定的该阶段的信息输出项。

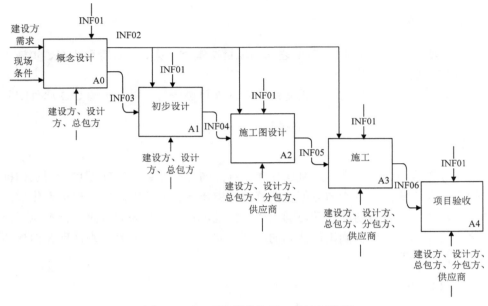

图 4.4　IPD 项目整体协同工作计划模型

表 4.4　IPD 项目整体协同工作计划模型中包含的信息项的说明

信息编号	创建方	信息项
INF01	无	法律、规范
INF02	建设方、设计方	项目目标与需求（成本、质量、功能、工期）
INF03	设计方	方案设计 BIM 模型/图纸
		协同工作计划
	总包方、分包方	成本概算
		施工里程碑计划
INF04	建设方、总包方	分包方、供应商选择方案
	设计方	初步设计 BIM 模型/图纸
		各类基于初步设计方案的分析、计算报告
	总包方	可施工性评审报告
		初步设计成本计算书
		初步施工计划
INF05	建设方	对施工图设计成果的评审、评审意见
	设计方	施工图设计 BIM 模型/图纸
		施工图设计分析、计算书
	总包方	施工图深化设计 BIM 模型/图纸
		施工图成本计算书

续表

信息编号	创建方	信息项
INF05	总包方	整体施工计划
		施工方案
	分包方	专业范围内施工计划
		专业范围内施工方案
		专业范围内成本计算书
	供应商	产品信息（型号、性能、价格）
		产品供应计划
		长生产周期产品（如电梯）订单
INF06	设计方、总包方、分包方	竣工 BIM 模型/图纸

在概念设计阶段，设计方配合建设方建立项目目标与需求，一般涉及成本、质量、功能、环保、工期等方面。在项目目标与需求的约束下，设计方提供多个设计方案供选择，并制订设计里程碑计划。总包方和分包方基于自身经验进行初步的成本概算与施工计划，并针对各设计方案提出选择与优化建议。

在初步设计阶段，设计方完成初步设计方案及与之相对应的各类计算/分析报告，并根据建设方的要求、总包方的评审意见及时对设计方案进行修改，直至所有合理的评审意见被落实。同时，总包方并行地对设计方案进行可施工性检查、初步设计成本计算、初步施工计划制订等工作，并根据工作过程中发现的问题及时向设计方提出评审意见。建设方在初步设计方案中及时根据自身需求对设计方案提出意见，但该需求一般不能与概念设计阶段确定的项目目标与需求相冲突。在初步设计阶段接近完成时，建设方需要在总包方的协助下选择各专业分包方。

在施工图设计阶段，设计方完成施工图设计。分包方在该阶段开始参与到项目中，与总包方一起，在向设计方提出设计优化建议的同时，并行地完成专业范围内的施工组织设计、施工方案制订、施工图成本计算、施工图深化等工作。供应商在总包方与分包方开始进行施工图深化时参与到协同工作中，及时向总包方、分包方提供其所需的产品详细信息，同步制订产品供应计划，并提前开始生产长生产周期的产品。

由于绝大多数设计、计划、协调工作已在前三个阶段完成，因此在施工阶段，总包方与分包方按既定的设计方案、施工组织计划进行施工，设计方针对施工过程中产生的少量变更对设计 BIM 模型/图纸进行修改，完成竣工 BIM 模型/图纸。

4. 协同工作

根据前述调研，相当一部分 IPD 项目案例采用了 TVD、SBD、LPS 等精益建造方法，并取得了良好的应用效果。但笔者在访谈中发现，国内建筑工程从业人员普遍认为这些方法或实施难度较大，或与当前工作习惯差异较大，对其落地持保守态度。因此，有必要在尊重精益建造方法的基本思想的前提下，根据国内建筑工程行业实际情况对精益建造方法进行简化，并整合至一个统一的 IPD 项目协同工作标准流程中，这样既能降低以上方法的实施难度，又能充分发挥其优势。

根据前述对精益建造方法的调研，建立的 IPD 项目协同工作标准流程应满足以下几个要求：

1）针对 TVD：该标准流程需要考虑评审意见的提出、收集、评价/筛选、落实。

2）针对 SBD：该标准流程需要考虑多设计方案的并行及筛选。

3）针对 LPS：该标准流程需要考虑根据实际情况对已制订的协同工作计划进行调整，使两者保持同步。实际情况包括计划任务的完成情况、新提出的且需要落实的评审意见、设计方案的创建与筛选等。

根据以上要求，建立了 IPD 项目协同工作标准流程，该流程可被视作由一系列设计迭代构成。一个典型的迭代如图 4.5 所示，具体内容介绍如下：

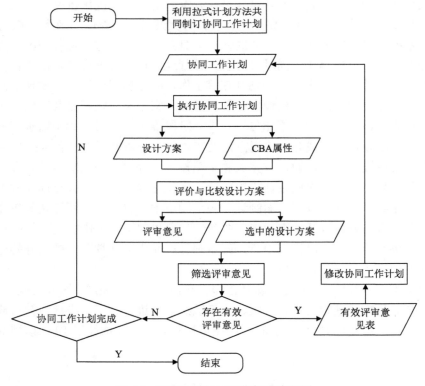

图 4.5 IPD 项目协同工作标准流程图

1）各实施小组负责人利用拉式计划方法（又称为倒排计划方法）共同创建协同工作计划，即从已规定的项目里程碑开始进行倒推，确定应完成的任务及任务的先后顺序、起始时间。

2）各实施小组按照协同工作计划规定执行各自任务，包括设计、基于设计成果的分析/计算等，创建一个或多个设计方案及与设计方案相对应的 CBA 属性值。CBA 属性值为设计方案包含的分析/计算提交物的结果值，如土建成本、安装成本、能耗等。

3）相关参与方人员对各设计方案包含的提交物进行评审，并提出评审意见。如果有并行的设计方案，需要比较这些方案的 CBA 属性值，满足要求或更优的设计方案被选中，并将在后续过程中进行更进一步的细化与完善。

4）针对被选中设计方案的评审意见，IPD 项目协调员与各实施小组负责人对其进行评价与筛选。其中，合理的、有价值的评审意见称为有效评审意见，将被用于组成评审意见表。评审意见表包含的所有有效评审意见需要在下一轮的设计迭代中得到落实。部分情况下会有可行的多种解决/优化方案，针对此种情况，应建立多个并行的有效评审意见表，在下一轮设计迭代中进行落实并生成多个并行的设计方案。

5）根据有效评审意见表及协同工作计划的完成状态，IPD 项目协调员对协同工作计划进行修改，并启动新一轮的设计迭代。如果协同工作计划已完成，且不存在新的有效评审意见，则流程结束。

5. 交流

各参与方之间的交流以会议为主，IPD 项目会议安排要求如表 4.5 所示，会议时间可根据项目需要进行适当调整。由于 IPD 项目协同工作主要发生在设计阶段，因此不对施工阶段的会议进行要求。

表 4.5　IPD 项目会议安排要求

会议类型	会议时间	参会人员	地点	会议内容
任务小组内部会	每天下班前半小时	实施小组成员	实施小组办公点	1）讨论当天任务完成情况； 2）检查昨天提出的设计评审意见是否得到落实； 3）针对今天完成的设计成果（可能只完成了部分）进行快速的检查与评审； 4）讨论明天的协同工作计划
项目管理例会	每周	项目管理小组、实施小组负责人	大屋会议室	1）讨论上周的任务完成情况； 2）协调各实施小组之间的工作； 3）计划下周工作； 4）讨论其他待决策事宜

会议类型	会议时间	参会人员	地点	会议内容
项目全体成员例会	每两周	项目全体成员	大屋会议室	1) IPD 项目协调员在会前提前收集好需要进行评审的提交物； 2) 总结上两周任务完成情况； 3) 针对项目当前指标（成本指标、工期指标等）进行讨论，提出优化意见； 4) 对预先收集的提交物进行评审，提出优化意见； 5) 安排下两周工作； 6) 若有需要，相关人员留下以对指标、提交物等进行更深入细致的讨论
专题会议	不定	不定	不定	讨论项目中出现的突发情况

当各参与方需要进行更密切的协同工作时，可选择在建设方提供的大屋进行集中办公。参考国外 IPD 项目案例经验，大屋应包含的设备如下：

1) 空间：宜包含三类空间，即开放性工位、小会议室和大会议室，面积大小根据不同项目类型、规模按需确定。开放性工位用于多参与方的集中办公，小会议室和大会议室分别用于实施小组进行组内讨论和举行项目全体成员会议。

2) 信息展示墙：位于开放性工位四周的墙上。一部分墙面用于展示项目整体信息，如项目计划、项目指标、成本信息等，帮助项目参与人员从整体上了解项目的基本情况；另一部分墙面分配至各实施小组，每个实施小组将自己小组的计划实施状态、BIM 模型截图、造价信息等最新信息更新到信息展示墙上，供其他参与方作参考。每部分的墙面信息需要指派专人进行定期维护。

3) 智慧板：大小会议室均需配备，为降低成本，可用投射到白板上的投影仪替代。各方讨论、开会时，智慧板可展示各类工作成果，参与人员可对其进行编辑与批注。

4) 计划板：位于大会议室中，各方在讨论、制订计划时，将任务写在便签纸上并张贴在该计划板上，在便签纸之间绘制箭头以表示任务之间输入、输出信息的关系。

5) 视频会议设备：位于大、小会议室中，用于帮助不能实地到会人员参会。

6. 信息

传统项目的设计过程可被视作串行工程（sequential engineering），即把整个设计过程细分成很多步骤，每个参与方和个人只做其中的一部分工作，而且是相对独立进行的，工作做完以后把结果交给下一个参与方。IPD 项目的设计过程可被视作并行工程（concurrent engineering），即多个参与方集成地、并行地设计建筑产品及其相关过程（包括施工过程和相关支持过程）[8]。

在 IPD 项目中，各参与方不再是将各自专业范围内的所有提交物全部完成后再移交给其他参与方，而是需要及时将阶段性完成的提交物提交给其他参与方。通过这种方法，一方面使其他参与方尽快获得所需信息，以便开展下一步工作；另一方面使其他参与方能对接收到的提交物进行评估并提出评审意见，使提交物创建方尽可能早地对已完成的提交物进行修改与优化，以减少修改引起的附加工作量。

这意味着 IPD 项目中提交物的颗粒度要小于传统项目。例如，在传统项目中，结构设计方完成所有楼层的施工图 BIM 模型后，将其提交给总包方；而在 IPD 项目中，结构设计方分楼层地将刚刚完成的施工图 BIM 模型提交给总包方，总包方及时对接收到的提交物进行可施工性评价并提出优化建议。结构设计方能够根据优化建议较早地对结构设计模型进行修改，由于结构设计仅部分完成，因此修改引起的附加影响也较小，减少了修改工作量。此外，总包方拿到各楼层的 BIM 模型后，也能针对这些楼层并行开展工程量计算、施工方案与计划的制订等工作，达到节约时间的目的。

根据 IPD 项目协同工作标准流程的描述，由于大量设计迭代的存在，产生了大量的顺序版本；而由于大量并行设计方案的存在，产生了大量的并行版本。这意味着 IPD 项目的版本结构较传统项目更加复杂，提交物之间极易出现不一致、互相冲突的情况。例如，根据评审意见要求修改建筑模型中的电梯间尺寸后，结构模型未相应地改变相关尺寸，使两个模型不一致，出现设计错误。因此，应加强对版本的管理，防止以上情况出现。

此外，从 IPD 项目协同工作标准流程中还可以发现，相较于传统项目，IPD 项目产生了更多的评审意见，其中的有效评审意见将进一步触发对设计方案的修改与优化。因此，应加强对评审意见的提出、评价/筛选、落实的管理与跟踪。

■■■■■■■■■■■■■■■■■■■ 本 章 小 结 ■■■■■■■■■■■■■■■■■■■

本章通过广泛收集国外已实施的 IPD 项目案例，归纳 IPD 项目实施的具体特征，并通过分析、总结这些特征之间的关系建立了 IPD 项目概念模型。在此基础上，通过走访国内实际工程项目的各参与方，一方面调研国内建筑工程项目实施的现状；另一方面在向其介绍 IPD 模式的基础上，收集其对 IPD 模式的意见，并根据收集到的意见建立符合我国工程实际的 IPD 项目实施模型。

参 考 文 献

[1] 张东东. 基于 BIM 与关联数据的 IPD 项目协同工作平台研究[D]. 北京：清华大学，2017.

[2] 马智亮，张东东，马健坤. 基于 BIM 的 IPD 协同工作模型与信息利用框架[J]. 同济大学学报（自然科学版），

2014, 42(9): 1325-1332.

[3] EASTMAN C, TEICHOLZ P, SACKS R, et al. BIM handbook: a guide to building information modeling for owners, managers, designers, engineers and contractors [M]. New Jersey:Wiley Publishing, 2011.

[4] KU K. The Core of Eden: a case study on model-based collaboration for integared project delivery [C]//Proceedings from the ASCE Construction Research Congress. Seattle, Washington: ASCE, 2009: 969-978.

[5] KIM Y W, DOSSICK C S. What makes the delivery of a project integrated? A case study of Children's Hospital, Bellevue, WA [J]. Lean Construction Journal, 2011: 53-66.

[6] GHASSEMI R, BECERIK-GERBER B. Transitioning to integrated project delivery: Potential barriers and lessons learned [J]. Lean Construction Journal, 2011: 32-52.

[7] NOFERA W, KORKMAZ S, MILLER V. Innovative features of integrated project delivery shaping project team communication[C]// The 2011 Engineering Project Organizations Conference, Estes Park: Engineering Project Organization Society, 2011: 1-17.

[8] SCHWAB A J, SCHILLI B, ZINSER K, et al. Concurrent engineering [J]. IEEE Spectrum, 1993, 30(9): 56-60.

第 5 章　基于 IPD 消除设计变更的激励机制

IPD 模式的核心之一是通过项目全部关键参与方平等协商建立的激励机制，实现以项目整体目标为评价标准的利益分享与风险共担，最终，一方面从根本上保证项目全部关键参与方的经济共赢，另一方面保证建筑工程成本在预算之内。

目前设计变更是我国建筑工程成本超预算的主要原因之一，为消除设计变更，减少浪费，笔者提出建立一个基于 IPD 模式消除我国建筑工程设计变更的激励机制。本章首先介绍建立该激励机制的研究方法；然后识别我国建筑工程实施过程中消除设计变更的时机，挖掘设计变更造成建造成本损失的经济规律，在此基础上建立包含施工方补偿办法和设计方补偿办法的激励机制，最后利用问卷调研和已完工建筑工程结算数据验证已建立的激励机制，并对该激励机制的使用方法和适用范围进行讨论[1-5]。

5.1　建立激励机制的方法

从分别针对施工方和设计方的两个假设出发，本章建立基于 IPD 消除设计变更的激励机制。这两个假设分别是施工方在施工开始前就能从 BIM 设计模型和施工图纸中发现设计方未知的潜在设计变更，以及设计方可以利用 BIM 技术从 BIM 设计模型中发现并消除较严重的潜在设计变更。之所以做出这两个假设，主要是基于如下考虑：

1）我国目前建筑市场上施工方之间的竞争非常激烈，利用潜在设计变更是施工方主要获利渠道之一，在招投标阶段，为了投出既在价格上有竞争力又能获利的标的，施工方必须认真研究设计方提供的 BIM 设计模型和施工图，估算包含潜在设计变更获利在内的实际利润，而这就要求施工方能从 BIM 设计模型和施工图中发现潜在设计变更。如果施工方不具备这样的能力，它就很难获利。因此，可以想象，能够在竞争如此激烈的建筑市场上生存的施工方，其在施工开始前就能从 BIM 设计模型和施工图中发现设计方未知的潜在设计变更。

2）在传统的 DBB 交付模式下，因为注册成立设计企业的门槛较低，并且完成设计任务的劳动不受地域限制，所以设计方之间在设计收费上的竞争同样非常激烈，建设方一般仅需支付给设计方非常有限的设计费，设计方受到自身运营成本的制约只能投入有限的人力、物力完成设计任务。又由于设计方往往在施工经验上存在不足，再加上他们在设计中仅负责避免不满足设计规范的设计错误和达到市场平均设计质量,而不负责达到影响建筑使用功能的完美设计质量和满足最终建设方的潜在需求[6-7],所以难免在交付的 BIM 设计模型和施工图中包含潜在设计变更。由于采用 BIM 技术一方面可直观地展示设计方案,另一方面能使设计人员高效地进行多种分析,因此可以想象,设计方有可能借此提高设计质量,从而消除较严重的潜在设计变更。

基于上述两个假设,本章在识别我国建筑工程项目消除设计变更的可能时机后,通过对一个典型的、已竣工并结算的建筑工程项目的结算书数据进行分析,建立由对施工方补偿办法、设计方补偿办法和确定其相关参数的计算方法组成的激励机制。为了验证该激励机制在技术上和经济上的可行性,本章首先针对同业团体进行了在线问卷调查,通过分析调查数据,验证上述假设的合理性及该激励机制在技术上的可行性;然后利用已竣工并结算的 21 个典型工程的项目结算书,使用已建立的参数计算方法计算使用该激励机制后项目各关键参与方可预期的经济效益,并与项目各关键参与方实际取得的效益进行横向比较,从而验证该激励机制在经济上的可行性;最后,对该激励机制的使用方法、适用范围和缩短工期的获利进行了讨论。

5.2 建筑工程项目预防设计变更的可能性

目前我国在大部分建筑工程项目上采用传统的 DBB 模式,在这种项目交付模式下,建设方首先委托设计方进行设计,形成 BIM 设计模型和施工图;再以此为依据进行招标,确定施工方。针对设计方提供的 BIM 设计模型和施工图,按照建筑工程项目各阶段实施的时间顺序,施工方一般有三次向建设方和设计方提出质疑的机会。第一次机会是在招投标阶段,施工方有权要求设计方对设计结果进行澄清;第二次机会是在施工开始前,建设方按照我国建筑工程项目的实施惯例设立图纸会审环节,施工方此时有权进一步要求设计方对设计结果进行澄清;第三次机会即是在施工过程中,当遇到设计不明确或无法施工等问题时,施工方可以向设计方提出对 BIM 设计模型和施工图的质疑并要求进行设计变更。因为设计变更往往需要设计方和施工方付出额外的劳动,同时还会造成建筑材料和施工机械工时的浪费,其代价基本上全部由建设方承担,而为了获得与这些设计变更相对应的经济补偿,设计方和施工方往往需要采取索赔或申请工程签证的方式。设计变更给建设方造成的经济损失数据会在建筑工程项目竣工结算时编制的工程项目结算书中详细体现。

另外,有些设计变更是由建设方或设计方在施工阶段提出的,这主要是由于建设方或设计方发现施工后形成的建筑物与想象中的建筑物不一样。在传统的DBB 模式下,由于使用二维设计图纸表达设计结果,再加上设计周期一般均比较紧，因此难免在施工阶段出现设计变更。可见，建设方或设计方的主观因素、设计周期过短和设计成果的表达方式不够直观是产生设计变更的原因。除此之外，根据方俊[8]针对我国建筑工程设计变更形成原因的研究，不利工程地质条件、建筑业政策法规变化、设计成果的错误或缺陷、建筑物功能不满足使用要求、设计成果缺乏可建造性、上游技术专业设计成果不能提供下游设计条件和不同技术专业设计成果在空间或功能上矛盾共七类情况是设计变更产生的主要原因。另外，施工方和设计方缺乏主动预防和消除设计变更的经济动机也是我国建筑工程设计变更产生的重要原因之一。上述产生设计变更的原因被总结在表 5.1 的第二列中。

表 5.1　利用 BIM 技术化解设计变更原因的可能性

序号	设计变更原因	专项 BIM 技术
1	建设方或设计方的主观因素	
2	设计周期过短	
3	设计成果表达不直观	BIM 模型具有三维显示功能
4	不利工程地质条件	
5	建筑业政策法规变化	
6	设计成果的错误或缺陷	基于 BIM 模型的建筑性能化分析
7	建筑物功能不满足使用要求	基于 BIM 模型的建筑性能化分析
8	设计成果缺乏可建造性	基于 BIM 模型的虚拟施工
9	上下游技术专业设计条件不协调	基于 BIM 技术的协同工作平台
10	不同技术专业设计成果在空间或功能上矛盾	基于 BIM 模型的冲突检查
11	施工方和设计方缺乏主动预防和消除设计变更的经济动机	

在设计所需的技术工具方面，BIM 技术是在目前已经被广泛使用的 CAD 技术之后出现在建筑领域的技术，它具有可视化、可分析、可共享和可管理等特点，在建筑工程领域中的应用正在迅速展开[9]。针对上述产生设计变更的原因，不同专项的 BIM 技术具有消除对应原因的潜力。BIM 模型能够以更加直观的三维方式显示建筑模型；基于 BIM 模型的建筑物功能分析，如建筑物能耗分析和建筑物日照分析等，能够在施工前检查拟建建筑物是否满足建设方的使用要求；基于 BIM 模型的冲突检查，能够在施工前发现不同技术专业设计成果在几何尺寸或空间上的矛盾；基于 BIM 模型的虚拟施工和虚拟建造，能够评估设计成果的可建造性；基于 BIM 技术的协同工作平台，能够协调上下游技术专业之间的设计条件。

根据上述分析，如果基于 IPD 模式，允许施工方在设计阶段就正式参与建筑工程项目，同时通过 BIM 技术的应用，就能使建设方、设计方和施工方更容易理解和把握设计结果，从而有可能将潜在设计变更消除在设计阶段，但是这种可能性能否实现，关键在于建立一个有效的激励机制，在经济利益上促使工程项目各关键参与方按照某种适合消除潜在设计变更的方式工作。因为消除设计变更必将使建设单位获利，因此该激励机制的核心应该是建设方向设计方和施工方分享一部分利益，实现多方共赢，以此调动设计方和施工方主动避免设计变更的积极性，使消除设计变更得以实现。

5.3　设计变更造成建造成本损失的规律

按照上文的分析，基于 IPD 消除设计变更的激励机制的核心是建设方对设计方和施工方消除设计变更的努力分别进行补偿，最终实现建设方、设计方和施工方多方共赢。这就需要首先对建筑工程项目中各关键参与方与设计变更相关的经济数据进行分析。为此，首先分析一个典型的、已竣工并结算的建筑工程项目结算书。

该建筑工程项目是一个别墅建筑工程，项目涉及其中的 A 标段，包含 4 栋别墅。笔者得到了该工程项目的结算书，并对其中有关设计变更的数据进行了整理。如图 5.1 所示，因为该别墅建筑工程的 A 标段作为一个单位工程进行竣工结算，所以其结算书包含分部分项工程、措施项目、其他项目、规费和税金 5 个方面的建造成本项目；在这 5 个建造成本项目中，其他项目又包含专业工程结算价、计日工、总承包服务费和索赔与现场签证 4 个建造成本子项目。本章关注的设计变更相关经济数据就在索赔与现场签证这个建造成本子项目中。

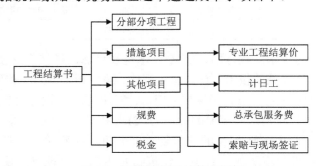

图 5.1　工程 A 标段结算书框架

如表 5.2 所示，设计变更在索赔与现场签证这个建造成本子项目中又被细化为工程量清单计价项目，其中单价就是指该清单计价项目的综合单价。如表 5.3 所示，以组成该设计变更的"实心红砖墙"清单项目为例，其中合价是指该清单计价项目的综合单价，可见施工方的利润占该清单项目的综合单价的比例并不高。施工方利用表 5.2 中设计变更的获利就可以通过查询表 5.3 及另外 5 个类似的表格计算出来。针对每个设计变更，都可以使用该方法计算出施工方的获利。

表 5.2　设计变更的工程量清单

序号	签证及索赔项目名称	计量单位	数量	单价/元	合价/元
设计变更编号：7	别墅连排位改设计				
（1）	实心红砖墙	m³	4.700	197.98	930.51
（2）	矩形梁	m³	0.940	280.91	264.06
（3）	现浇混凝土钢筋	t	0.110	3378.49	371.63
（4）	矩形梁模板	m²	11.700	17.91	209.55
（5）	墙面一般抹灰	m²	58.500	11.58	677.43
（6）	刷喷涂料	m²	29.250	27.50	804.38
	小计				3257.56

表 5.3　设计变更相关清单项目综合单价分析

项目编码		010302001001		项目名称		实心红砖墙		计量单位		m³	
定额编号	定额名称	定额单位/m³	数量	单价/元				合计/元			
				人工费	材料费	机械费	利润	人工费	材料费	机械费	利润
3-11	砖墙砌筑	10	0.1	568.90	1267.58	44.26	98.99	56.89	126.76	4.43	9.90
清单项目综合单价/元								197.98			

通过分析该别墅建筑工程 A 标段的结算书中与表 5.2 和表 5.3 功能相同的全部表格，本章总结了该标段全部设计变更条目和其对应的合价及施工方利润，其结果如表 5.4、图 5.2 和图 5.3 所示，其中表 5.4 和图 5.2 按照设计变更对应合价从小到大的顺序进行排列，图 5.3 按照施工方利润从小到大的顺序进行排列。可以看出，首先，设计变更的项数很多，对一个工程合同价并不高的建筑工程项目尚且如此；其次，施工方的利润在设计变更条目的合价中所占比例很小，因为该利润一般是根据施工方与建设方之间的协议，按照直接费用（包括人工费、材料费和机械费）的百分比计取的，在该别墅建筑工程中该比例为 5%。下面利用图 5.2 和图 5.3 中的数据，逐步建立基于 IPD 消除设计变更的激励机制。

表 5.4　设计变更的详细情况

序号	设计变更	合价/万元	施工利润/万元
1	拆除后花园钢筋混凝土	0.0139	0.0007
2	清运门前地坪	0.0150	0.0008
3	人工凿除窗台水泥砂浆	0.0363	0.0018
4	修补采光井护栏墙面孔洞	0.0486	0.0024
5	别墅改楼梯间已砌好的砖墙	0.0851	0.0043

续表

序号	设计变更	合价/万元	施工利润/万元
6	别墅改 L1、L2	0.1051	0.0053
7	别墅 WC2 改给水管	0.1105	0.0055
8	别墅改烟囱	0.1130	0.0056
9	承台以上回填石屑	0.1154	0.0058
10	更改室外水表	0.1241	0.0062
11	别墅通风口改位置	0.1364	0.0068
12	别墅二层改隔墙	0.2229	0.0111
13	别墅首层斜屋面增加钢支架	0.2231	0.0112
14	改楼梯地面砖	0.2274	0.0114
15	修补别墅采光棚与分户墙缝隙	0.2390	0.0119
16	入户防盗门改尺寸后修补缝隙	0.2609	0.013
17	别墅屋顶增加排水	0.2776	0.0139
18	别墅砌砖封下水道	0.3016	0.0151
19	别墅连排位改设计	0.3258	0.0163
20	别墅天窗增加反梁	0.3379	0.0169
21	屋面飘板钢管支架	0.3442	0.0172
22	连排别墅变形缝	0.3483	0.0174
23	别墅增加地漏及改动排水管	0.3538	0.0177
24	楼梯增宽 120mm	0.4361	0.0218
25	栏杆安装后修补外墙涂料	0.4670	0.0233
26	修补别墅采光棚与围护墙缝隙	0.4832	0.0242
27	样板房临时水电安装	0.4833	0.0242
28	别墅首层到二层楼平台增加吸顶灯	0.4971	0.0249
29	所有别墅增加检修阀门及止回阀	0.5038	0.0252
30	样板房外墙脚手架	0.5461	0.0273
31	别墅卫生间改热水器插座位置	0.5645	0.0282
32	别墅砖封排水管	0.6029	0.0301
33	别墅改内庭院沉池	0.6611	0.0331
34	厨房移动和增加插座	0.7092	0.0355
35	别墅增加自动排气阀	0.8304	0.0415
36	别墅入口平台回填陶粒混凝土	1.3031	0.0652

续表

序号	设计变更	合价/万元	施工利润/万元
37	厨房改门后修复吊顶顶棚及墙面砖	1.4054	0.0703
38	更改室外电缆	1.5095	0.0755
39	卫生间增加镜前灯	1.9078	0.0954
40	别墅增加勒脚石	1.9378	0.0969
41	卫生间刚性防水	2.2073	0.1104
42	更改室外排水管及污水、雨水井	2.9981	0.1499
43	内墙挂纤维网	3.8723	0.1936
44	第二次补强加固别墅首层入户平台板	4.6932	0.2347
45	外墙装饰抹灰分格	5.4606	0.2730
46	屋面女儿墙钢筋混凝土	7.8303	0.3915
47	卫生间沉箱回填陶粒混凝土	13.0108	0.6505
48	更改配电箱 MX1	14.0796	0.7040
49	更换地下排水、排污管道	27.4883	1.3744

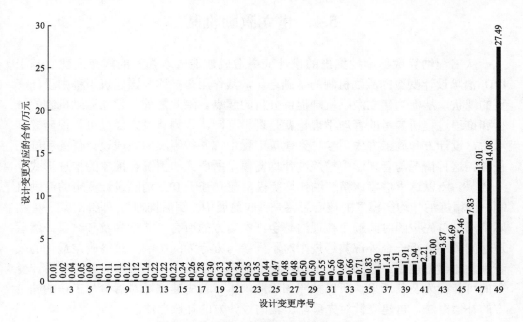

图 5.2　该建筑工程中设计变更条目合价

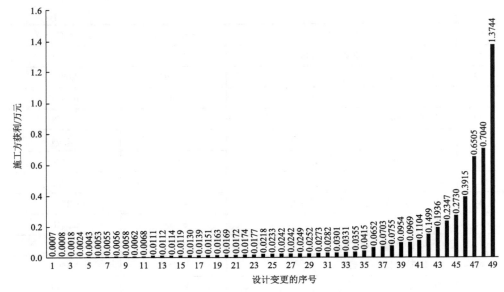

图 5.3　该建筑工程中与设计变更条目对应的施工方利润

5.4　建立激励机制

从工程结算数据中挖掘出的设计变更造成建造成本损失的规律是建立基于IPD 消除设计变更的激励机制的基础之一，其作用是描述我国建筑工程中设计变更的现状，从而为建立激励机制提供分析的起点。除此之外，建立激励机制的分析和推理过程所参考的管理学理论就是逻辑基础。因为建设方经过可行性研究立项后，设计方和施工方先后参与到建筑工程中，并按照顺序完成设计任务和施工任务。这种情况与管理学中精炼纳什均衡模型所研究的情况在抽象的推理形式上一致[10]，所以这里借鉴该精炼纳什均衡模型建立基于 IPD 消除设计变更的激励机制。该精炼纳什均衡模型的核心思路是"向前展望，倒后推理"，即针对某一种实际情形，首先按照时间顺序梳理清楚全部参与方的所有可能行为及其结果，然后逆时间顺序分析一个外部奖惩规则对不同参与方行为的影响，最终确定最优的或者满意的奖惩规则。因为在 5.2 节中已经梳理了建筑工程中各参与方针对设计变更的可能行为及其后果，所以按照该思路，本章首先建立针对后参与工程的施工方的补偿办法，再建立针对先参与工程的设计方的补偿办法。

5.4.1　基于设计变更规律建立施工方补偿办法

基于 IPD 消除设计变更的激励机制应该能够使施工方在施工开始前将利用施

工经验发现的潜在设计变更告知建设方。为促使施工方按照这种方式工作，建设方应对施工方进行补偿，使施工方将潜在设计变更告知建设单位后的获利不小于未使用补偿办法时的获利。假如施工方已经参与到设计阶段，并且建设方愿意根据其上报潜在设计变更的表现进行补偿，针对图 5.3 中施工方利用设计变更获得利润的分布，可考虑如下三种不同的对施工方的补偿办法。

1）固定总价补偿。首先，建设方向施工方承诺一个不小于其原预期总获利的固定资金作为其上报潜在设计变更的补偿；然后，施工方在建筑工程项目消除设计变更的三个时机中决定是否上报潜在设计变更和上报多少潜在设计变更；接着设计方对施工方上报的潜在设计变更进行确认并修正原有相关设计成果；最后，与施工方实际上报的潜在设计变更的数量无关，建设方都在工程竣工结算时给予施工方该固定资金作为补偿。图 5.4 展示了在固定总价补偿下建设单位、设计方和施工方合作消除设计变更的协同工作过程。

图 5.4　固定总价补偿的协同工作过程图

2）可变单价补偿。首先，施工方在建筑工程项目消除设计变更的 3 个时机中审查 BIM 设计模型和施工图纸，并决定是否上报潜在设计变更和上报多少潜在设计变更；然后，设计方对施工方上报的潜在设计变更进行确认并修正原有相关设计成果；最后，建设方根据修正原有设计成果所挽回的损失，以"不同设计变更，不同补偿单价"的方式给予施工方单价可变的补偿。图 5.5 展示了在可变单价补偿下建设方、设计方和施工方合作消除设计变更的协同工作过程。

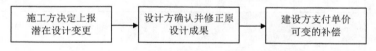

图 5.5　可变单价补偿的协同工作过程图

3）固定单价补偿。建设方首先公布补偿施工方上报的、每个潜在设计变更的固定单价；然后施工方在建筑工程项目消除设计变更的三个时机中审查 BIM 设计模型和施工图纸，并决定是否上报潜在设计变更和上报多少潜在设计变更；待设计方对施工方上报的潜在设计变更进行确认并修正原有相关设计成果后，建设方再根据已公布的固定单价和施工方上报的潜在设计变更的有效数量给予施工方补偿。图 5.6 展示了在固定单价补偿下建设单位、设计方和施工方合作消除设计变更的协同工作过程。

因为企业的本质是追逐利润，所以针对建设方拟采用的每种补偿办法，施工方都会选择最有利于己方的方式工作。下面分别分析面对不同补偿办法时，施工方采取的工作方式。

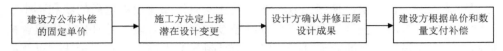

图 5.6　固定单价补偿的协同工作过程图

当建设方按照第一种办法补偿施工方时，由于建设方无法确切地知道施工方是否发现了潜在设计变更，因此施工方如果坚称自己没有发现问题或仅象征性地上报少量小问题，那么它就既能利用此后施工中发生的设计变更通过索赔或工程签证获利，又能获得固定总价补偿金。可以预见，施工方在此种情况下不会积极上报潜在设计变更。

当建设方按照第二种办法补偿施工方时，虽然施工方只有上报潜在设计变更才能获得补偿金，但是由于建设方在我国建筑市场处于类似买方垄断的强势地位，其按照"不同设计变更，不同补偿单价"原则公布的可变补偿单价很可能难以达到施工方应得补偿的程度，施工方上报的每个潜在设计变更都会造成其预期收益的损失。可以预见，施工方在此种情况下也不会积极上报潜在设计变更。

施工方会将每个潜在设计变更的预期收益与该单价进行比较，当发现该单价高于某潜在设计变更的预期收益时，就将该问题上报给建设方，从而获得更高的收益。通过上述分析，可知只有第三种补偿办法，即按照固定单价补偿施工方才是有效的。

按照固定单价补偿办法，为了尽可能消除发生在施工阶段的设计变更，建设方必须以足够高的固定单价补偿施工方。如图 5.7 中的"补偿单价"横线所示，

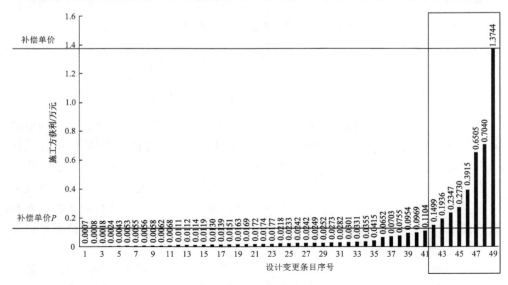

图 5.7　施工方补偿办法的效果

该固定单价应不小于施工方从任意一个设计变更中获得的利润。然而，建设方此时将因以高额固定单价补偿大量较小的施工方利润损失而支付巨额补偿金。如果建设方将补偿的固定单价降低到图 5.7 中的"补偿单价 P"横线所示值，此时虽然建设方节约了部分补偿金，但是当发现隐瞒潜在设计变更的获利大于补偿单价 P 时，施工方将不会把这些潜在设计变更告知建设方，于是建设方将遭受图 5.7 中方框内设计变更导致的损失。因此，进一步建立针对设计方的补偿办法，目的是尽可能设置较低的补偿单价，使施工方消除大量导致较小建造成本损失的潜在设计变更；对于导致较大建造成本损失的潜在设计变更，通过采用在下文中建立的针对设计方的补偿办法，促使设计方进行消除。

5.4.2　基于设计变更规律建立设计方补偿办法

如上文分析，设计方在图纸会审中一般仅对不满足规范的设计错误负责。但是，在提供补偿金的前提下，建设方可以在设计品质上对设计方提出更高要求，即要求设计方承诺遗留在设计成果中的潜在设计变更导致的建造成本损失不超过某指定最大容许损失值。因为图 5.2 中每个设计变更条目的合价与图 5.3 中每个施工方的获利按照顺序逐一对应，所以图 5.7 中方框内施工方不会上报的潜在设计变更就是图 5.8 中方框中应该由设计方负责消除的潜在设计变更。于是，为了在理论上消除全部潜在设计变更或者在实践中消除尽量多的潜在设计变更，建设方应该将图 5.8 中方框内设计变更合价的最小值作为针对设计方的最大容许损失值。

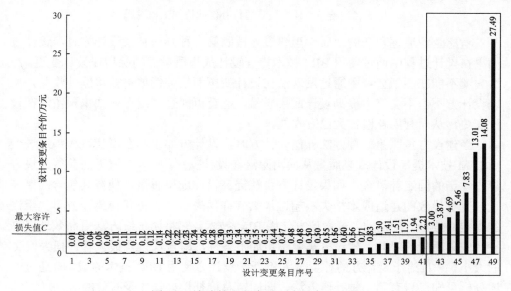

图 5.8　该建筑工程中设计变更条目合价

确定最大容许损失值的含义后，本章考虑两种不同的补偿设计方的办法，分别如下。

1）单价补偿。在设计结果交付给施工方后、施工方开始施工前，针对设计方发现的每个导致建造成本损失大于最大容许损失值 C 的潜在设计变更，建设方按照固定单价或可变单价支付补偿金。图 5.9 展示了在单价补偿下建设方、设计方和施工方合作消除设计变更的协同工作过程。

设计方上报并修正潜在设计变更 → 施工方按设计结果施工 → 建设方根据单价和数量支付补偿

图 5.9　设计方单价补偿的协同工作过程

2）固定总价补偿。建设方与设计方在签订的建筑设计合同中约定的设计费分为两部分，即相当于市场价的普通设计费和固定补偿金，后者充当保证金，待施工结算之后满足一定附加条件时才支付给设计方。这个附加条件就是建设方对导致建造成本损失额大于 C 的设计变更零容忍，竣工时在没有损失额大于 C 的设计变更发生的前提下，建设方才将作为保证金的固定补偿金最终支付给设计方。图 5.10 展示了在固定总价补偿下建设方、设计方和施工方合作消除设计变更的协同工作过程。

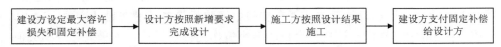

建设方设定最大容许损失和固定补偿 → 设计方按照新增要求完成设计 → 施工方按照设计结果施工 → 建设方支付固定补偿给设计方

图 5.10　给予设计方固定总价补偿的协同工作过程

考虑企业追逐利润的本质，当建设方按照第一种办法补偿设计方时，设计方如果在设计过程中通过使用 BIM 技术提升设计成果质量而消除潜在设计变更，那么它就不能在图纸会审中通过发现潜在设计变更而按补偿单价获得额外收益，所以设计方不但不会努力提高设计成果质量，甚至可能会利用专业知识预留潜在设计变更，从而利用补偿扩大已方收益。

当建设方按照第二种办法补偿设计方时，设计方如果不在设计过程中通过使用 BIM 技术提高设计成果质量从而消除潜在设计变更，那么它将无法获得建设方事先承诺的固定补偿金；如果设计方设法提高设计成果质量，使得其包含的潜在设计变更导致的建造成本损失不超过最大容许损失值，它将获得建设方事先承诺的固定补偿金。特别地，若设计方使用 BIM 技术，它将比传统方法更高效地提高设计成果质量。对此，建设方需要满足如下条件，即合理设置最大容许损失值 C 的大小，并且给予设计方的补偿金 E 不低于设计方使用 BIM 技术的成本。通过上述分析可知，只有第二种补偿方法，即固定总价补偿办法才是有效的。

5.4.3　激励机制包含参数的计算方法

　　按照上述分析，建设方应该采用固定单价补偿办法激励施工方，同时采用固定总价补偿办法激励设计方，与这两个补偿办法相对应的协同工作过程共同组成基于 IPD 消除设计变更的激励机制的协同工作过程，如图 5.11 所示。首先，建设方与设计方协商确定针对设计变更的最大容许损失值 C 和相应的固定总价补偿金 E；然后，根据图 5.8 中代表"最大容许损失值 C"的横线与图 5.7 中代表"补偿单价 P"的横线的关系，由最大容许损失值 C 直接计算出应给予施工方的固定补偿单价 P，这样就得到了包含设计方补偿办法和施工方补偿办法的激励机制。为了实施该激励机制，必须确定该激励机制包含的上述三个参数，作为建设方与设计方和施工方进行合同谈判的基准线。下面分别讨论确定上述三个参数的计算方法。

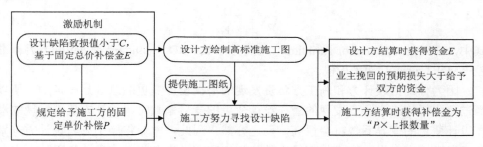

图 5.11　基于 IPD 消除设计变更的激励机制的协同工作过程

1. 确定针对设计方的最大容许损失值 C

　　如上所述，在该激励机制中，施工方负责发现预期损失小于最大容许损失值 C 的潜在设计变更，而设计方负责发现预期损失大于最大容许损失值 C 的潜在设计变更，所有被发现的潜在设计变更均由设计方通过修正原有设计成果予以消除。因此，对应合价等于最大容许损失值 C 的设计变更就是施工方和设计方的责任分界点。

　　因为建设方给予施工方的补偿单价 P 由最大容许损失值 C 决定，且随其增大而增大，所以施工方希望由建设方确定的最大容许损失值 C 尽量大；同时，因为最大容许损失值 C 越小，设计方发现潜在设计变更的难度越高，从而不能得到补偿金 E 的风险就越高，所以设计方也希望由建设方确定的最大容许损失值 C 尽量大。然而，因为降低最大容许损失值 C 可以降低支付给施工方的补偿金，所以建设方希望确定尽量小的最大容许损失值 C。但是，过小的最大容许损失值 C 会使施工方消极地接受激励机制，也会使设计方因为失去补偿金 E 而弥补使用 BIM 技术的成本的风险太高，致使其放弃消除设计变更的努力。因此，必须以三方共赢为目标，用某种方式合理地确定最大容许损失值 C。

显而易见，如果假设新建项目与已完成的项目相比在设计变更造成的经济损失上遵循同样的规律，则可以利用已完成项目的结算数据确定责任分界点。本章采用这一假设构造一个确定最大容许损失值 C 的方法，并将在下文验证该假设的合理性。按照该激励机制，施工方负责发现对应合价相对较小的潜在设计变更，而设计方负责发现对应合价相对较大的潜在设计变更。这一点体现在统计指标上就是：一方面，施工方负责发现的潜在设计变更的合价平均值较小，而设计方负责发现的潜在设计变更的合价平均值较大；另一方面，施工方和设计方各自负责发现的潜在设计变更的合价围绕其平均值的变化幅度也不应该太大，即设计变更大小的离散程度也不能太大。后者可以用统计学中的变异系数度量，变异系数越小，表示设计变更的大小越接近其平均值，计算公式如下：

$$CV = \frac{SD}{MN} \tag{5.1}$$

式中，CV（coefficient of variation）为变异系数；SD（standard deviation）为标准差；MN（mean）为平均值。

因为分配给设计方和施工方负责发现的潜在设计变更的总数是一定的，所以当过分降低施工方负责发现的潜在设计变更的变异系数时，设计方负责发现的潜在设计变更的变异系数就会很高，反之亦然。因此，本章将施工方与设计方分别负责发现的潜在设计变更的变异系数的加权和定义为全部潜在设计变更的总变异系数。之所以考虑加权，是因为由施工方或设计方负责发现的潜在设计变更的数量仅仅是其总数的一部分。当以某个潜在设计变更为界分配任务时，对应的总变异系数最小，这表示设计方和施工方双方责任按照变异系数达到平衡，则该潜在设计变更就是责任分界点，该潜在设计变更对应合价的大小就是最大容许损失值 C，计算公式如下：

$$n^* = \operatorname{argmin}\left\{ CV_n = \frac{m-n}{m}CV_{施} + \frac{n}{m}CV_{设} \right\} \tag{5.2}$$

式中，m 为待发现的潜在设计变更总数；n 为设计方负责发现的潜在设计变更数量；$CV_{施}$ 为施工方负责发现的潜在设计变更的变异系数；$CV_{设}$ 为设计方负责发现的潜在设计变更的变异系数；CV_n 为当设计方负责发现 n 个潜在设计变更时，全部潜在设计变更的总变异系数；n^* 为使总变异系数最小的 n。

图 5.12 所示为将该责任分界点确定方法用于举例的建筑工程时得到的结果。对于该建筑工程，CV_n 的最小值是存在的，第 n^* 个设计变更就是责任分界点，它对应的合计就是最大容许损失值 C。下文利用该方法计算使用激励机制的预期收益，证明该方法能够实现三方共赢，即能保证建设方在仅支付给施工方和设计方

补偿金后仍可获得满意的收益。

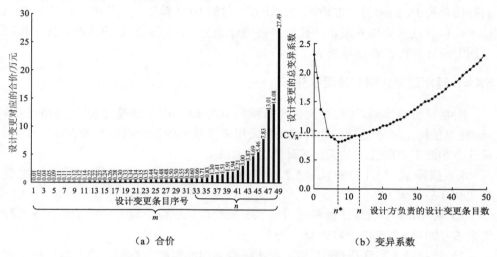

（a）合价　　　　　　　　　　　　　　（b）变异系数

图 5.12　设计变更对应的合价及总变异系数曲线

2. 确定应给予设计方的补偿金 E

BIM 技术是建筑行业正在推广使用的、能够帮助设计方提升设计水平的一种重要技术。BIM 技术在提高设计深度和成本计算等方面的能力可以帮助设计方满足建设方提出的、设计变更导致的损失不能超过最大容许损失值的新要求。目前，已经公开工程资料的 IPD 工程实例均已使用了 BIM 技术。按照该激励机制，当建设方要求设计方承诺设计变更导致的损失不能大于最大容许损失值 C 时，建设方应该向设计方追加固定总额的补偿金，因为设计方为了满足该高标准的新增要求，会选择使用 BIM 技术，这必然会使设计成本上升。但是，据笔者实地调研表明，如果设计方仅仅因为使用 BIM 技术而要求建设方提高设计费，建设方一般很难接受；如果与 IPD 相结合，以带来经济效益为条件，提高设计费就易被建设方接受。

因此，除了向设计方支付普通设计费之外，建设方应当按 BIM 模型设计费的现行市场价向设计方额外支付补偿金 E，该市场价可通过调研获得。为了找到当前的 BIM 模型设计费的我国现行市场价，笔者收集了 38 个设计院报价的、以"元/m²"为计价单位的 BIM 模型设计费单价数据，它们的平均值为 5.42 元/m²，故建设方目前可以用该平均值与项目建筑面积的乘积作为给予设计方的补偿金 E。

3. 计算应给予施工方的补偿单价 P

一般地，施工方利用设计变更获得的利润由设计变更对应的合价与工程承包合同中利润率的乘积决定。若已知最大容许损失值 C，那么它与工程承包合同中约定的利润率的乘积就是建设方针对施工方上报的、每个潜在设计变更应给予其的补偿单价 P。因为施工方通过在设计方交付的 BIM 模型上使用冲突检测等 BIM 技术，可以几乎无额外成本地找出潜在设计变更，所以施工方应该能够接受按照上述方法计算出的补偿单价 P。

5.4.4 运用激励机制的预期收益

根据项目结算书，该项目的建筑面积为 10034.87m²，设计变更费为 1020850.77 元。这里使用上述方法分析针对该项目采用本章建立的激励机制能否实现建设方、设计方和施工方的经济共赢。其计算过程如下：

1）按照式（5.1）和式（5.2），可获得计算设计变更的最大容许损失值 C=29980.63（元）。

2）将 BIM 模型设计费单价与建筑面积相乘，求得建设方应给予设计方的补偿金 E=10034.87×5.42=54389.00（元）。

3）根据最大容许损值 C 和工程承包合同中约定的利润率，求得给予施工方的补偿单价 P=29980.63×5%=1499.03（元）。

4）面对建设方给予的补偿单价 P，施工方会上报 42 处设计变更，从而获得补偿金 "P×数量"=1499.03×42=62959.26（元）。

5）从挽回的损失中除去给予设计方和施工方的补偿金就是建设方的获利 "预期损失-E-P×数量"=1020850.77-54389.00-62959.26=903502.51（元）。

表 5.5 以对比的方式展示了该项目竣工结算时，未运用激励机制和假如使用激励机制时，建设方、设计方和施工方对应于设计变更的预期收益。可以看出，假如该项目运用激励机制，与未运用该激励机制相比，各方的收益均可增加，即可以实现三方共赢。这里还需要补充说明采用该激励机制预防设计变更对该建筑工程项目总工期的影响，因为该激励机制促使设计方和施工方在设计阶段预防潜在设计变更，所以这会适当延长设计阶段；然而因为采用该激励机制大幅减少了施工阶段的设计变更，这等于减少了与这些设计变更相关的施工时间、窝工时间和返工时间，所以施工阶段会因此而显著缩短。针对每一个设计变更，一般情况下施工阶段节约的时间会多于设计阶段增加的时间，所以本章判断建筑工程项目总工期会因采用该激励机制预防设计变更而适当缩短。

表 5.5 该项目各参与方对应于设计变更的收益与运用该激励机制后预期收益的对比

参与方	未运用激励机制/元	假如运用激励机制/元	新增收益/元
建设方	−1021000	−117400	903500
设计方	0	54400	54400
施工方	50400	63000	12600

5.5　验证激励机制

为了验证该激励机制的可行性，笔者针对建筑工程的建设方、设计方和施工方分别设计了调查问卷，通过在建筑行业门户网站和论坛上发布问卷对同业资深工程师和专家进行调查。接着，通过分析问卷调查结果，首先核实目前我国设计变更的基本情况，然后验证建立该激励机制的两条假设符合实际情况，再验证各参与方愿意接受该激励机制，从而验证该激励机制在技术上的可行性。另外，为了验证该激励机制在经济上的可行性，笔者又收集了 21 份已竣工建筑工程项目的工程结算数据，首先分析该激励机制对这些建筑工程实例的适用性；然后计算假如这些建筑工程实例运用该激励机制时，各参与方的预期经济收益，从而验证该激励机制在经济上的可行性。

5.5.1　分析问卷调查结果验证激励机制

因为只有具有丰富工程实践经验的答卷者填写的问卷才具有验证效力，所以笔者按照"具有本科及以上学历""具有 10 年及以上工作时间""处于中层及以上企业经营管理岗位"三个条件选择答卷者。本章共回收 254 份问卷，其中包括针对建设方的问卷 63 份、针对设计方的问卷 87 份和针对施工方的问卷 104 份。经筛选，得到 156 份合格问卷，既符合上述条件又无遗漏数据的问卷，包括针对建设方的问卷 43 份、针对设计方的问卷 53 份和针对施工方的问卷 60 份。以下分别介绍分析结果。

针对"请大致估计一下，设计变更给建设方造成的经济损失通常占预算的多大比例？"和"在目前的合同条件下，设计变更带来的经济收益对于施工方重要吗？"，回答的统计结果如图 5.13 所示。可以看出，给出设计变更占预算 10%以

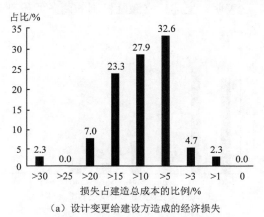

（a）设计变更给建设方造成的经济损失

图 5.13　我国建筑工程设计变更基本情况

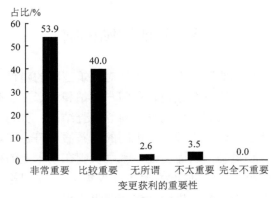

（b）利用设计变更获利对施工方的重要性

图 5.13（续）

上的答卷者人数约占总数的 60.5%，这说明设计变更确实给建设方造成了较严重的损失；认为利用设计变更获利非常重要和比较重要的答卷者人数约占总人数的93.9%，这说明利用设计变更获利在现实中对施工方确实很重要。

　　针对"排除完全由建设方主观因素造成的设计变更，在资金和时间充足的情况下，设计方使用 BIM 技术能发现导致损失大于某值的全部潜在设计变更吗？"和"在施工开始前，就能力而言，如果基于 BIM 模型一般施工方能发现全部潜在设计变更的百分之多少？"，回答的统计结果如图 5.14 所示。可以看出，认为设计方使用 BIM 技术后完全有能力和有一定能力发现较严重设计变更的答卷者人数约占总人数的80.4%，认为使用 BIM 技术后施工方能够发现占总量70%以上的潜在设计变更的答卷者人数约占总人数的80.0%。这说明 BIM 技术既赋予了设计方发现大部分较严重潜在设计变更的能力，也能够帮助施工方在施工前发现其余潜在设计变更的大部分。这表明，上述建立激励机制的两条假设都是合理的。

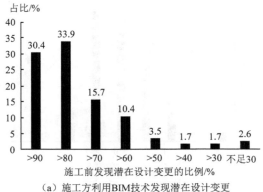

（a）施工方利用BIM技术发现潜在设计变更

图 5.14　关于该激励机制的两条假设的调查结果

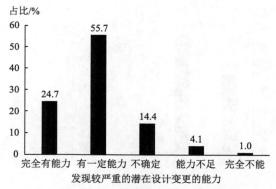

（b）设计方利用BIM技术发现较严重的设计变更

图 5.14（续）

　　针对"如果设计方使用 BIM 技术能为建设方避免损失大于某固定值的潜在设计变更，建设方愿意用节省的经费以某固定量的资金补偿设计方吗？""假设相关制度允许，针对施工方在施工开始前发现并上报的每个潜在设计变更，建设方愿意用节省的经费以某固定单价按上报数量补偿施工方吗？""如果建设方在合同中要求使用 BIM 技术发现并消除导致损失大于某值的潜在设计变更，并按 BIM 模型设计的市场价增加设计费，设计方会接受该合同要求吗？""如果建设方在合同中要求施工方上报潜在设计变更，并按照上报的数量按固定补偿单价 P 进行补偿，施工方会接受该合同要求吗？"，回答的统计结果如图 5.15 所示。可以看出，给出非常愿意和愿意向设计方提出有补偿的新增要求的答卷者人数约占总人数的 88.4%，给出非常愿意和愿意向施工方提出有补偿的新增要求的答卷者人数约占总人数的 93.0%，给出设计方非常愿意和愿意接受有补偿的新增要求的答卷者人数约占总人数的 86.6%，给出施工方非常愿意和愿意接受有补偿新增要求的答卷者

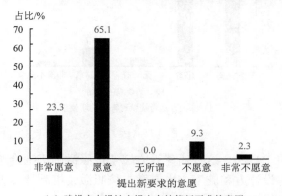

（a）建设方向设计方提出有补偿新要求的意愿

图 5.15　关于各方对有补偿的新增合同要求的态度的调查结果

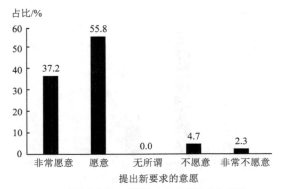

（b）建设方向施工方提出有补偿新要求的意愿

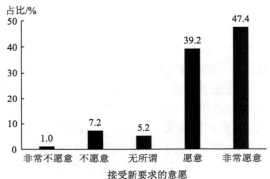

（c）设计方是否接受有补偿的新要求

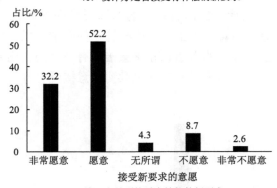

（d）施工方是否接受有补偿的新要求

图 5.15（续）

人数约占总人数的 84.4%。这说明建设方愿意按照激励机制给予设计方和施工方必要的补偿，同时设计方和施工方也愿意在按照激励机制计算补偿金的情况下接受建设方的新增合同内容要求。

针对"如果建设方按 BIM 模型设计的市场价增加设计费，要求发现并消除导

致损失大于某值的潜在设计变更，设计方计划采取怎样的工作方式应对它？"和
"如果建设方针对每个上报的潜在设计变更补偿施工方固定值 P 的资金，施工方
计划采取怎样的工作方式应对它？"，回答的统计结果如表 5.6 和表 5.7 所示。可
以看出，计划将预期收益小于补偿单价 P 的潜在设计变更告知建设方的答卷者人
数约占总人数的 77.4%，计划使用 BIM 技术发现较严重的设计变更的答卷者人数
约占总人数的 80.4%。这说明面对按照激励机制规定的方法计算补偿金的建设方
新增合同内容要求，大部分设计方和施工方计划按照建设方希望利用激励机制实
现的、能够帮助建设方实质性地消除设计变更的方式工作。

表 5.6　施工方计划采取的工作方式

序号	计划采取的工作方式	比例/%
1	将全部潜在设计变更告知建设方	9.58
2	仅将预期收益小于补偿单价 P 的潜在设计变更告知建设方	77.39
3	随机选择部分潜在设计变更告知建设方	5.22
4	仅将预期收益大于 P 的潜在设计变更告知建设方	0.87
5	不告知任何潜在设计变更建设方	6.09
6	其他	0.87

表 5.7　设计方计划采取的工作方式

序号	计划采取的工作方式	比例/%
1	使用 BIM 技术从而增加总设计投入	54.65
2	总设计投入不变，使用 BIM 技术，减少使用现有技术	25.77
3	增加总设计投入，但不使用 BIM 技术	12.37
4	保持总设计投入不变，也不使用 BIM 技术	5.15
5	减少总设计投入	0
6	其他	2.06

通过上述对问卷调查结果的分析可以看出，建设方、设计方和施工方能够针
对体现该激励机制的新增合同条款达成协议，针对新增合同条款中对设计方和施
工方的新增建设方要求，设计方和施工方将按照能够帮助建设方消除设计变更的
方式工作，这表明本章建立的该激励机制具有技术上的可行性。

5.5.2　分析在工程实例中的运用结果验证激励机制

为了验证该激励机制在经济上的可行性，笔者收集了 21 份工程结算书，对其
数据进行分析验证。

图 5.16 展示了 21 个工程实例的基本情况，包括工程实例的数据来源、工程
合同价及建筑类型。在 21 个工程实例中，设计变更造成的损失占工程合同价的

4%～18%，其中 10%以上达 9 个实例，可见在这些工程实例中使用该激励机制消除设计变更是非常必要的。

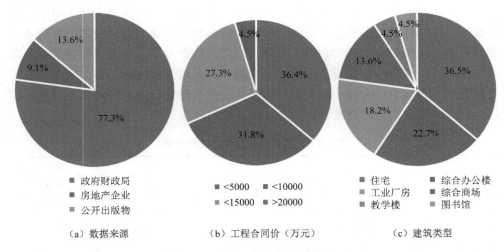

（a）数据来源　　　　（b）工程合同价（万元）　　　　（c）建筑类型

图 5.16　21 个工程实例的基本情况

采用与前文完全相同的方法，针对每份工程结算书，提取每个设计变更条目，将这些设计变更条目按照合价从小到大排序后绘图。如图 5.17 所示，首先将 21 份工程结算书按照上述方法绘图，其纵轴是以万元为单位的设计变更条目合价，其横轴是设计变更条目序号。然后按照工程合同价从小到大的顺序排列并编号，发现设计变更条目的合价分布都是下凹的，这符合运用该激励机制的条件；更重要的是，该分布规律与工程合同价和建筑物类型无关。

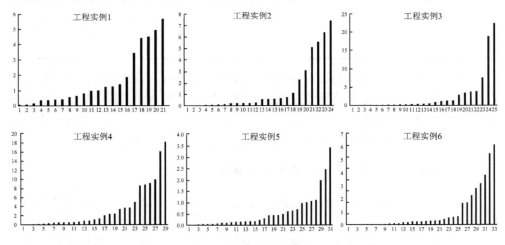

图 5.17　21 个工程实例的设计变更条目的合价分布情况

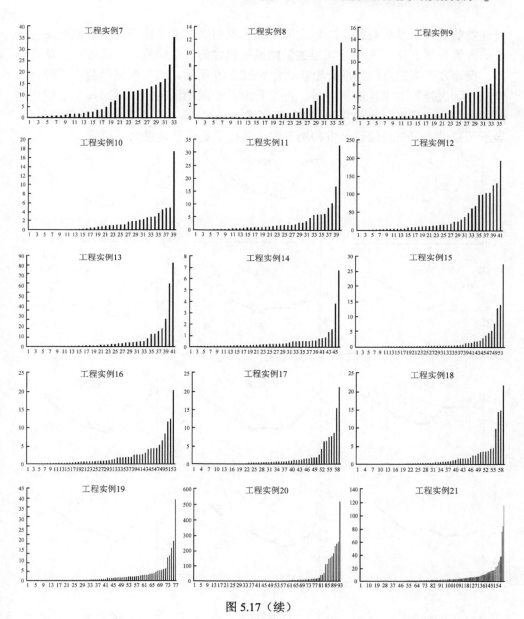

图 5.17（续）

　　假设在每个工程实例上运用该激励机制，首先，使用前文方法求出 21 个工程实例潜在设计变更的总变异系数曲线，并按照工程合同价从小到大的顺序排列并编号，就可以据此求出最大容许损失值 C。如图 5.18 所示，其纵轴是设计变更的总变异系数，其横轴是设计方负责的设计变更条目序号。然后，将该值与每个工程实例的利润率相乘，计算出应该给予施工方的补偿单价 P。最后，将 BIM 模型设计费的现行市场价与每个工程实例建筑面积相乘，求出建设方应该额外支付给设计方的补偿金 E。利用已求出的激励机制包含的三个参数，本章分别计算建设方、设计方和施工方的预期新增获利，如图 5.19 所示，图中横坐标是按工程合同价从小到大排列的工程实例序号。可以看出，该激励机制的运用给每个工程实例的各参与方均带来了新增获利，即实现了多方共赢。其中，建设方新增获利最大，显示了建设方出资补偿设计方和施工方，其结果是自己是最大受益方。

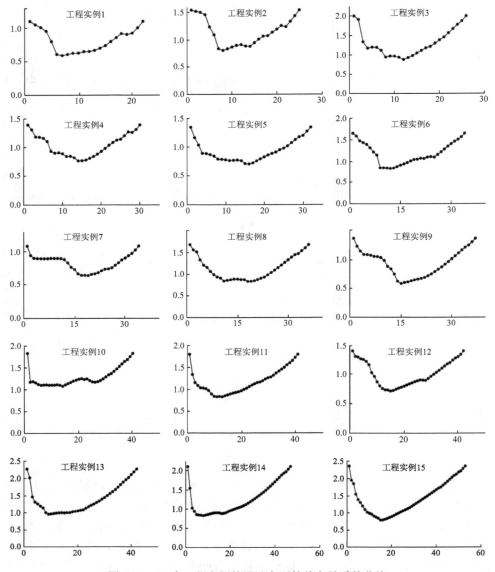

图 5.18　21 个工程实例的设计变更的总变异系数曲线

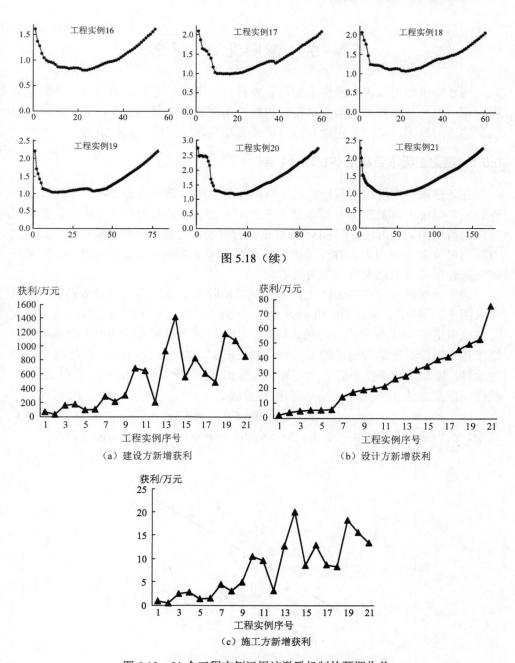

图 5.18（续）

（a）建设方新增获利

（b）设计方新增获利

（c）施工方新增获利

图 5.19　21 个工程实例运用该激励机制的预期收益

5.6　关于激励机制的讨论

该激励机制的技术和经济上的可行性得到验证后，笔者认为还有三个问题值得讨论：第一是如何方便地将该激励机制应用在新建工程项目上，第二是该激励机制的适用范围，第三是建设方因使用该激励机制而缩短工期的获利。

5.6.1　新建工程项目应用 IPD 激励机制

在新建项目中应用该激励机制，只需针对该项目确定其最大容许损失值 C、设计方补偿金 E 和施工方补偿单价 P 三个参数即可。又因为设计方补偿金 E 可以使用与前文相同的方法，由 BIM 模型设计的市场价与建筑面积的乘积算出，施工方补偿单价 P 可以由最大容许损失值 C 与综合单价的利润率的乘积算出，所以只需为新建项目算出最大容许损失值 C。

为了计算最大容许损失值 C，笔者利用所收集的上述用于设计激励机制的 1份（图 5.2）和用于验证激励机制的 21 份（图 5.17）已往工程结算数据找出最大容许损失值 C 与工程合同价的函数关系，从而新建项目就可以利用该函数关系根据工程合同价算出适合自己的最大容许损失值 C。如图 5.20 所示，以工程合同价为横轴，以最大容许损失值 C 为纵轴，拟合由 22 个最大容许损失值 C 和 22 个工程合同价组成的 22 个数据点，得到拟合直线。

$$C = 0.000220304 \, CP + 5964.38 \qquad (5.3)$$

式中，C 为最大容许损失（元）；CP（contract price）为工程合同价（元）。

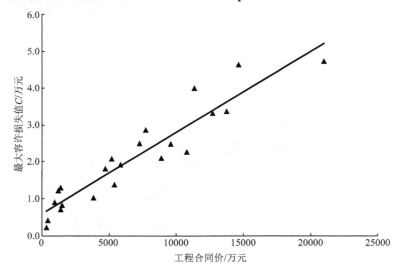

图 5.20　从 22 个工程实例拟合最大容许损失值 C

由此可知，对于新建工程项目，最大容许损失 C 可由工程合同价按照式（5.3）求得。

5.6.2　激励机制的适用范围

如前所述，运用该激励机制的前提，首先是施工方进入设计阶段，其次是设计方和施工方采用 BIM 技术。后者很容易满足，对于前者，特别是对于国有资金建设的项目，由于相关法律法规的制约，迄今为止，我国建筑工程中施工方直至设计完成后才进入项目。但是，新近出现了一种由建设方集团下的企业设计、建造的持有型项目，施工方可以进入设计阶段，所以可以使用该激励机制。另外，根据上述分析，全部 22 个建筑工程项目的设计变更经济规律均可用下凹式曲线表示；并且针对这 22 条下凹式曲线，均可按照本章设计的计算方法求出唯一的最大容许损失值 C，所以这里认为工程合同价的大小和建筑物类型不影响该激励机制的使用。因为已收集的工程实例的结构形式仅涉及钢筋混凝土建筑物，所以这里谨慎地认为凡采用钢筋混凝土结构的持有型项目，均可以使用该激励机制。对于目前还不能使用该激励机制的项目，建设方可以选择雇用施工咨询工程师或成立特定职能部门等替代方式。

5.6.3　使用激励机制缩短工期的获利

本章在分析已建立的基于 IPD 消除设计变更的激励机制给建设方、设计方和施工方带来的直接经济利益，然而实际上该激励机制还会给建设单位带来很多潜在的间接经济利益。这些间接经济利益是通过使用该激励机制缩短工期而获得的。该激励机制的核心效果是将原本可能发生在施工阶段的设计变更消灭在设计阶段，虽然这样可能会延长设计阶段的完成时间，但是因为潜在设计变更不再真实发生在施工阶段，即消除了大量返工，所以施工阶段工期的缩短会明显超过设计阶段完成时间的延长。缩短工期而节约的时间在两个方面为建设单位创造经济价值，一方面是因为建筑工程项目投资巨大，建设单位一般会向银行借贷一部分资金用于建设投资，那么缩短工期就可以减少这部分借贷资金的占用时间，从而为建设单位节约支付给银行的贷款利息；另一方面是缩短工期意味着建筑物可以提早投入运营，这部分运营收入也是该激励机制带给建设单位的间接经济利益。

本 章 小 结

我国建筑工程一直受到成本超预算、工期超计划和质量不达标三大问题的困扰，而设计变更是造成成本超预算的主要原因之一。IPD 模式已经展现出解决包括有关设计变更的问题在内的多种建筑工程问题的能力。IPD 之所以在工程上效益显著，是因为施工方在项目初期参与到设计阶段，在基于利益分享原则建立的激励机制下，协助设计方全面优化设计，包括消除潜在设计变更。为了消除我国建筑工程设计变更，并最终实现建设方、设计方和施工方的经济共赢，本章基于早期参与、互利共赢、使用 BIM 技术等 IPD 原则建立了适合我国国情的激励机制。

　　本章首先通过深入分析典型工程结算数据，总结了设计变更的经济规律；然后针对该规律，基于 IPD 原则建立了由设计方补偿办法和施工方补偿办法组成的、消除设计变更的激励机制及其所包含参数的计算方法；最后利用问卷调查结果和 21 份工程结算数据验证了该激励机制在技术上和经济上的可行性。

参 考 文 献

[1] 马健坤. IPD 用于我国建筑工程的激励机制及协同平台需求研究[D]. 北京：清华大学，2015.

[2] 马智亮，马健坤. IPD 与 BIM 技术在其中的应用[J]. 土木建筑工程信息技术，2011，3(4): 36-41.

[3] 马智亮，马健坤. 消除建筑工程设计变更的定量激励机制[J]. 同济大学学报（自然科学版），2016，44(8): 1280-1285.

[4] MA J K, MA Z L, LI J L. An IPD-based incentive mechanism to eliminate change orders in construction projects in China [J]. KSCE Journal of Civil Engineering, 2017, 21(7): 2538-2550.

[5] MA Z L, MA J K. Formulating the application functional requirements of a BIM-based collaboration platform to support IPD projects [J]. KSCE Journal of Civil Engineering, 2017, 21(6): 2011-2026.

[6] 李星魁. 住宅建筑设计规范研究[D]. 天津：天津大学，2006.

[7] 李星魁. 由住宅建筑及商业建筑看我国现行建筑设计规范中存在的若干问题及相应对策[D]. 天津：天津大学，2010.

[8] 方俊. 建设项目工程变更控制研究[D]. 重庆：重庆大学，2005.

[9] 邱奎宁，李洁，李云贵. 我国 BIM 应用情况综述[J]. 建筑技术开发，2015，42(4): 11-15.

[10] VEGA-REDONDO F. Economics and the theory of games [M]. Cambridge:Cambridge University Press, 2003.

第6章 基于 BIM 的 IPD 协同工作平台

IPD 项目中各参与方之间的高效协同工作需要专门的、面向 IPD 项目的协同工作平台的支持，然而迄今还没有开发出这样的协同工作平台。为此，笔者研发了一个基于 BIM 的 IPD 协同工作平台。本章对该平台研发过程中涉及的需求分析、关键技术、系统架构、开发环境、平台功能等关键技术环节及成果进行介绍[1-2]。

6.1 需 求 分 析

本节综合考虑 IPD 的核心原则及第 4 章建立的 IPD 协同工作标准流程，在现有协同工作平台上所提供功能的基础上，建立研发的基于 BIM 的 IPD 协同工作平台的功能性需求。

6.1.1 目标用户与用户角色

进行需求分析的前提是确定目标用户。IPD 项目应采用三层组织架构。其中，项目决策委员会层面发生的协同工作较少，且解决的问题比较重要，适用于采用面对面交流的方式。因此，本协同工作平台不将项目决策委员会成员作为本协同工作平台的目标用户。绝大多数协同工作一般在项目管理小组与实施小组层面进行，本协同工作平台的目标用户为以上两类小组成员及协调各参与方的 IPD 项目协调员，对应的用户角色介绍如下。

1）实施小组成员：对应于实施小组的普通成员，负责执行具体任务。

2）实施小组组长：负责协调实施小组内部的工作及与其他实施小组、IPD 项目协调员的协调工作。

3）IPD 项目协调员：在概念设计与初步设计阶段，一般由设计方负责人担任；在施工图设计及以后阶段，一般由施工方负责人担任，负责项目整体计划、管理工作。

4）系统管理员：由具备一定信息化专业能力的人员担任，进行系统基本设置、系统管理与维护等工作。

6.1.2 功能性需求

1. 组织管理类功能需求

现有协同工作平台提供的组织管理类功能如表 6.1 所示。

表 6.1 现有协同工作平台提供的组织管理类功能

ID	功能名称	功能描述
F1	用户管理	增、删、查、改用户个人信息
F2	角色管理	增、删、查、改用户角色，向用户、用户组赋予一个或多个用户角色
F3	用户组管理	增、删、查、改用户组，指定用户属于某一个或多个用户组
F4	权限管理	管理用户、用户角色、用户组所具备的功能权限与信息权限

以上功能可以较好地满足在线实施 IPD 的需求，具体体现如下：平台用户可利用用户管理功能管理项目团队成员；可利用角色管理功能定义 IPD 项目协调员、实施小组组长、实施小组普通成员等角色；可利用用户组管理功能，根据需要灵活创建包含多个参与方人员的实施小组；可利用权限管理功能定义各项目成员及实施小组的功能权限与信息权限。

综上，本协同工作平台提供与传统协同工作平台相同的组织管理类功能即可，无须再研制新功能。

2. 协同工作计划管理类功能性需求

在协同工作平台中，协同工作计划以工作流的形式存在。传统协同工作平台提供的协同工作计划管理类功能如表 6.2 所示。

表 6.2 传统协同工作平台提供的协同工作计划管理类功能

ID	功能名称	功能描述
F5	工作流定义	支持用户制定体现协同工作计划的工作流，即包含的任务、任务的顺序及输入/输出信息
F6	工作流执行	利用工作流引擎执行工作流，自动向用户推送任务

通过观察 IPD 项目协同工作标准流程可以发现，IPD 项目的协同工作计划管理相对于传统项目更加复杂，具体体现如下。

1）协同工作计划涉及的参与方多，且由于提交物颗粒度更细导致任务划分更细，其制定与传统项目相比复杂程度大幅提升。

2）频繁的设计修改与优化，导致需要对协同工作计划进行频繁的修改与更新，以使其与实际情况保持一致。

3）协同工作计划的生成与维护不再是一个主观过程，需要考虑一系列客观因素，包括项目里程碑、需要落实的有效评审意见、计划包含任务的完成状态等。

以上复杂性决定了单纯依靠传统协同工作平台提供的工作流定义功能来人工制订协同工作计划已十分困难，且极易出错。为解决以上问题，本协同工作平台提供如下两个功能：

1）协同工作计划半自动生成功能。平台能够根据一系列用户输入的基础信息，包括计划新建的提交物、项目里程碑、要落实的评审意见等，生成协同工作计划。

2）协同工作计划自动维护功能。平台能够根据计划执行情况，对协同工作计划进行自动修改与更新。

从 IPD 项目协同工作标准流程可以抽取协同工作计划应该包含的 4 类任务，本协同工作平台对应于每类任务应提供相应的任务执行功能模块。这 4 类任务具体如下：

1）新建提交物。用户接收平台推送的任务输入提交物后，完成任务输出提交物并上传。如果任务输出提交物被绑定相关的 CBA 要素，则需根据提交物的计算/分析结果录入 CBA 属性值。例如，提交物"土建成本计算报告"被绑定 CBA 要素"土建成本"，则用户需要根据该提交物的计算结果录入 CBA 属性值"土建成本值"。

2）修改提交物。用户接收平台推送的任务输入提交物、需要在本任务中落实的有效评审意见后，完成任务输出提交物并上传，同时输入与有效评审意见相对应的修改描述。同上，若有必要，仍需录入 CBA 属性值。

3）评审提交物。用户接收待评审的提交物，录入评审意见。

4）新建评审意见表。平台向用户（一般为 IPD 项目协调员）推送本轮设计迭代中提出的所有评审意见，用户进行评价后选出在下一轮设计迭代中落实的有效评审意见。

3. 交流类功能性需求

传统协同工作平台提供的交流类功能如表 6.3 所示。

表 6.3　传统协同工作平台提供的交流类功能

ID	功能名称	功能描述
F13	邮件/消息	支持用户向其他用户发送文本、图片、文件信息
F14	论坛	支持用户以网络论坛的形式交流知识与经验
F15	基于 BIM 模型的评论	支持针对 BIM 模型中的构件或视图进行评论、批注
F16	基于文档/图纸的评论	支持对文档、图纸的评论、批注
F17	视频会议	支持视频交流、音频交流、屏幕共享、电子白板等

以上功能较好地支持 IPD 项目成员日常交流的需求，但是无法满足一些特殊

交流场景，具体如下：

1）利用拉式计划方法协同制订协同工作计划。在该场景下，各实施小组负责人利用计划板，从项目里程碑开始，根据任务的输入、输出关系，倒推制订出协同工作计划。传统的协同工作平台缺乏与计划板相对应的工具，各参与方需要单纯利用视频会议功能完成协同制订计划的工作，效率较低。对于这一场景，利用前面确定的协同工作计划半自动生成功能（F7）与协同工作计划自动维护功能（F8）可以替代以上交流场景。

2）基于 BIM 模型进行讨论。在该场景下，参与讨论人员需要同步浏览 BIM 模型。虽然该场景可利用屏幕共享实现，但此时只有一个主讲人能够控制模型浏览，录入评审意见，非主讲人无法进行以上操作，从而使各用户之间无法进行更充分的交流。对于这些场景，需要开发 BIM 模型同步浏览功能，使所有参与讨论的用户均能控制 BIM 模型浏览，并录入评审意见。

综上，本协同工作平台提供的特有的交流类功能如表 6.4 所示。

表 6.4　本协同工作平台提供的特有的交流类功能

ID	功能名称	功能描述
F18	BIM 模型同步浏览	参与讨论用户均能控制模型浏览及对模型录入评审意见，各用户的模型浏览视角可以同步

需要指出的是，相较于传统的线下"面对面"交流，基于协同工作平台的线上交流一方面难以组织，另一方面交流效率依然较低。因此，本协同工作平台应提供更完善的功能，减少用户对其他用户的依赖性，减少用户之间进行交流的需要。例如，利用本平台提供的协同工作计划半自动生成/修改功能降低了多个用户对计划进行讨论的需要。后续提出的信息管理与获取类功能性需求，其出发点之一是提升用户独立获取所需信息的能力，使其获取信息时无须以线上交流的方式咨询信息的创建用户。

4. 信息管理类功能性需求

传统协同工作平台提供的信息管理类功能如表 6.6 所示。

表 6.5　传统协同工作平台提供的信息管理类功能

ID	功能名称	功能描述
F19	提交物版本管理	针对单个提交物的版本管理
F20	文件夹管理	以层级文件夹的形式管理各类文件
F21	上传/下载	用户可在有权限的文件夹内上传/下载提交物
F22	签入/签出	用户在签出某提交物时，其他用户不能对该提交物进行签出或修改；当签出用户进行签入后，其他用户才有权限对提交物进行签出或修改

续表

ID	功能名称	功能描述
F23	元数据管理	用户可定义描述提交物的元数据，元数据一般较为简单，如上传时间、标签、文件类型、所属专业、支持软件、修改通知对象等
F24	BIM 模型与文件绑定	将 BIM 模型、视图、构件与文件进行绑定，使用户在浏览 BIM 模型时能够迅速找到相关文件

由于 IPD 项目的特殊性，在信息管理方面，利用传统协同工作平台提供的以上功能支持 IPD 项目实施会存在以下一系列问题：

1）提交物管理方面。更小的提交物颗粒度意味着存在更多提交物类型，将会使文件夹结构的层级十分复杂，用户往往需要从不同的文件夹中寻找自己所需的提交物，十分不便。针对这一问题，在层级文件夹管理的基础上，本协同工作平台应对提交物之间的依赖关系进行管理，如"土建成本计算报告"依赖"建筑模型"与"结构模型"。这将支持用户沿着依赖关系寻找提交物，在部分场景下会大幅简化用户获取提交物的难度，如成本计算人员可通过依赖关系直接找到"土建成本计算报告"所依赖的"建筑模型"与"结构模型"，无须翻查复杂的文件夹结构。

2）版本管理方面。每个提交物因频繁的修改与优化而拥有大量的顺序版本，因并行设计方案的存在而拥有大量的并行版本，两者结合使提交物的版本结构十分复杂。传统的针对单个提交物的版本管理功能已无法满足要求，提交物之间极易出现信息不一致的情况。针对这一问题，本协同工作平台不只对单个提交物进行管理，还需对整体设计方案的版本进行管理。一个版本的设计方案由相互之间保持信息一致性的提交物共同组成，是一轮设计迭代的结果。

3）评审意见管理方面。对于 IPD 项目，评审意见十分重要，驱动设计的优化与修改。传统协同工作平台虽然支持用户以基于 BIM 模型、文档、图纸等进行批注的形式提出评审意见，但是未对这些评审意见的提出、筛选、落实进行有效跟踪与管理。前面提出的 F11、F12、F7 功能可解决这一问题，分别对应评审意见的提出、筛选及落实。

4）多方案比选方面。对于 IPD 项目，当存在多个设计方案时需要进行 CBA 比选。若利用传统协同工作平台，用户需要手动搜索多个设计方案包含的提交物、CBA 要素、CBA 属性值及 CBA 标准，并建立 CBA 表供多方案比选使用，工作量大，极易漏选、错选所需信息。针对这一问题，本协同工作平台需要能够自动提取建立 CBA 表所需的信息，并生成 CBA 表推送给相关用户。

综上，在传统协同工作平台提供的功能基础上，本协同工作平台将提供的特有的信息管理类功能如表 6.6 所示。

表 6.6　本协同工作平台提供的特有的信息管理类功能

ID	功能名称	功能描述
F25	设计方案版本管理	对整体设计方案的版本进行管理。一个版本的设计方案由相互间保持信息一致性的提交物共同组成,是一轮设计迭代的结果
F26	提交物依赖关系管理	对提交物之间的依赖关系进行有效管理
F27	CBA 表自动生成	平台自动收集本轮设计迭代涉及的多个并行设计方案包含的提交物、CBA 要素、CBA 属性值及 CBA 标准,自动生成 CBA 表。用户根据 CBA 表的内容,评价并筛选出要继续进行的设计方案

5. 信息获取类功能性需求

传统协同工作平台提供的信息获取类功能如表 6.7 所示。

表 6.7　传统协同工作平台提供的信息获取类功能

ID	功能名称	功能描述
F28	条件搜索	根据描述提交物的元数据,定义搜索条件对提交物进行搜索,如创建时间、创建人等
F29	关键字搜索	利用关键字搜索提交物的元数据或内容
F30	文件夹浏览	通过浏览层级文件夹获取所需信息
F31	文档/图纸/BIM 模型浏览	利用协同工作平台提供的浏览工具直接浏览常见格式的文档、图纸、BIM 模型

对于 IPD 项目,信息的共享不只发生在各实施小组内部,也发生在实施小组之间,即用户需要寻找其并不熟悉的、其他实施小组上传的提交物。虽然通过前面提出的协同工作计划执行功能可向用户推送信息,可以减少用户主动寻找所需信息的需求,但是依然存在用户主动寻找信息的情况。

此外,由于基于网络的交流难以马上得到反馈,用户一般需要独立寻找所需信息。IPD 项目中的提交物类型与版本十分复杂,且由于用户可能不熟悉所要寻找的信息,因此利用传统协同工作平台提供的功能来获取信息会面临以下困难:

1)难以确定搜索信息所需要的关键字。

2)元数据的定义过于宽泛,利用条件搜索获得的信息可能过多,依然需要用户进行人工筛选。

3)用户即使找到所需信息,但是由于缺乏背景描述,即与其他信息之间的关系,仍无法确认找到的信息是否是自己要寻找的目标信息。

根据以上分析,在传统协同工作平台的基础上,本协同工作平台提供的特有的信息获取类功能如表 6.8 所示。

表 6.8　本协同工作平台提供的特有的信息获取类功能

ID	功能名称	功能描述
F32	关系浏览	向用户展示当前查看的信息与其他信息之间的关系
F33	语义搜索	使用户在不知道目标数据关键词、元数据等准确数据的前提下，能根据自身对数据意义的理解来搜索信息

6.2　基于关联数据技术的多参与方项目数据集成

为支持工程项目各参与方之间的协同工作，作为基础，首先应打破各专业之间、阶段之间的信息壁垒，以实现信息的有效集成。在 IPD 项目中，由于各参与方提前参与项目，因此信息以多种形式的数据存在，相互之间保持独立，包括 BIM 数据、关系数据库数据、文档、图纸等。然而，这些信息在逻辑上是相互关联的，但承载这些信息的数据在形式上的差异性使以上信息无法天然地实现集成，需要采用数据集成手段对 IPD 项目中存在的多种数据进行集成。

本节首先针对 IPD 项目涉及信息的特点比较并选择要采用的信息集成技术，并最终选择关联数据技术；然后根据 IPD 项目实施模型的规定，建立 IPD 项目协同工作信息模型，即以结构化的形式描述集成的 IPD 项目协同工作涉及的信息；接下来，通过建立本体、转化机制确定关联数据的建立与维护方法；最后，为满足平台信息管理类与信息获取类功能性需求，利用关联数据的特性与工具，设计并研制一系列应用。

6.2.1　选择信息集成技术

对于 IPD 项目，最理想的情况是利用一个统一的数据库、采用统一的数据格式（对于 BIM 模型，一般为 IFC），对项目实施涉及的各类信息以结构化的形式进行存储、管理与应用。例如，集成各专业设计、施工计划、施工成本等设计、施工相关的所有信息，使用户或系统可以在数据对象的层面对集成的数据进行增、删、查、改等工作。此种方法效率高，信息之间的一致性易保持。但基于当前 BIM 技术的应用及普及水平，在实际项目中，以上方式难以完全实现，具体体现如下：

1）IPD 项目涉及参与方多，所用软件复杂，难以保证各参与方所用软件均能够支持 IFC。

2）对于支持统一数据格式的软件，将其产生自有格式的文件转化为 IFC 会面临数据丢失与错误。例如，利用常见的 BIM 建模软件 Revit 建立的 BIM 模型，将其转化为 IFC 文件时会丢失钢筋数据。

3）部分信息以结构化数据表达时复杂程度较高，且收效不明显。例如，实际项目在进行结构建模时，为简化建模难度及降低计算机负担，一般不在结构构件中建立钢筋，而是通过绘制钢筋布置图对结构模型进行补充说明。

4）基于文件的管理更符合普通用户的工作习惯。

综上，从实际角度出发，本协同工作平台中的信息将以多种形式的数据存在：如组织信息、计划信息等一般作为管理数据存放于协同工作平台的关系数据库中，BIM 模型由 BIM 数据库进行单独管理，其他提交物如图纸、文档、各类分析计算模型以文件的形式进行管理。这些信息在逻辑上是相互关联的，但是由于数据形式的不同而缺乏数据上的关联，如大跨度现浇梁的施工方案与 BIM 模型中相应的梁构件在逻辑上相关联，但两者一个是文件，一个是 BIM 模型中的元素，在数据层面则是相互独立的。为有效利用以上信息支持 IPD 项目协同工作，需要将信息之间逻辑上的关系明确地在数据中予以表达，即实现信息集成。

实现信息集成的方式有两种，一种是在待集成的信息两两之间建立数据关系，如图 6.1（a）所示；另一种是建立一个统一的数据集合，将要集成的数据源中的数据元素映射至该数据集合中，并在该数据集合中表达信息之间逻辑上的关系，该统一的数据集合发挥类似于"索引"的作用，如图 6.1（b）所示。

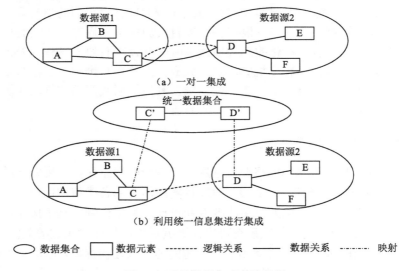

图 6.1　两种数据集成方法示例

本协同工作平台采用第二种数据集成方法，一方面因为集成的数据源较多，该方法工作量较小；另一方面基于该统一的"索引"，可对信息进行集成化的应用，如利用搜索语言对集成的数据进行统一检索，以获得需要的来自多个数据源的数据。

实现以上信息集成，可采用多种手段，如关系数据库、通过扩展 IFC 属性集将各非 BIM 数据集成至 BIM 数据中。选择关联数据作为数据集成手段主要基于以下两个方面原因：

1）关联数据的数据结构简单，为简单的"主-谓-宾"三元组结构，这也意味着其兼容性好，各类数据能够较方便地转化至关联数据。目前已有较成熟的工具支持将关系数据库数据、IFC 数据等转化为关联数据。

2）关联数据支持语义搜索，即支持用户在不知道目标数据关键词、元数据等准确数据的前提下，能够根据自身对数据意义的理解来构建复杂的搜索语言，独立获取所需信息，这对 IPD 项目成员跨专业获取信息有很大帮助。

6.2.2　IPD 项目协同工作信息模型

为描述第 4 章建立的 IPD 项目实施模型涉及的信息，通过抽取该框架的要素并建立之间的关系建立了 IPD 项目协同工作信息模型，并利用统一建模语言（unified modeling language，UML）方法进行表达。该信息模型由 5 部分构成，如图 6.2 所示，具体如下：

1）组织部分：描述 IPD 项目的组织架构体系。

2）计划部分：描述计划、任务及任务之间的顺序关系。

3）设计优化背景部分：描述设计方案进行优化的相关背景信息。

4）提交物部分：描述提交物及其之间的关系。

5）提交物内容部分：描述提交物包含的内容。

为简化起见，图 6.2 未展示各个类自身具备的属性信息，各部分的详细介绍如下。

1. 组织部分

IPD 项目团队由多个参与方组成。根据 IPD 项目实施模型的描述，IPD 项目采用三层组织架构，即项目决策委员会、项目管理小组、实施小组。因为具体的协同工作主要由实施小组来完成，实施小组为拟开发的协同工作平台的服务对象，因此作为平台开发基础的本信息模型仅涉及 IPD 项目组织架构中的实施小组。在 IPD 项目实施的不同阶段，这些参与方包含的人员根据任务需要灵活组成跨专业的实施小组。实施小组的成员根据其角色分工不同，分别进行创建协同工作计划、执行各类任务、创建提交物、提交评审意见等工作。

2. 计划部分

每个协同工作计划对应一轮设计迭代，其输出为一个或多个并行的设计方案。协同工作计划由一系列有序的任务组成，任务一般分成四类，分别如下：

1）新建提交物任务。项目成员创建新的提交物，该任务输入与输出均为提交物。例如，对于任务"新建一层结构模型 V2"，其任务输入为"一层建筑模型 V2"，任务输出为"一层结构模型 V2"。

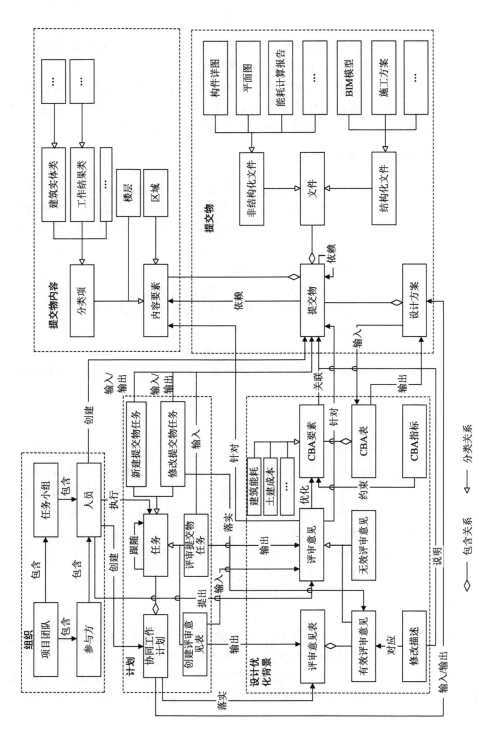

图 6.2 IPD 项目协同工作信息模型

◇—— 包含关系　　◁—— 分类关系

2）修改提交物。项目成员对已新建的提交物进行修改与优化，该任务输入与输出均为提交物，且其实施是为了落实在上一轮设计迭代中提出的有效评审意见。在上传修改后的提交物时，上传人还应录入对应于有效评审意见的修改描述。例如，对于任务"修改一层结构模型 V2 至 V3"，其任务输入为"一层建筑模型 V3""一层结构模型 V2"，任务输出为"一层结构模型 V3"。绑定于"一层结构模型 V2"的评审意见为"请降低 2-A 处梁高，以使管道能从下方穿过，同时保证空间净高"，上传人上传"一层结构模型 V3"后，需要录入相对应的修改描述"已将梁高由 700mm 降为 500mm"。

3）评审提交物。项目成员对本提交物进行评审，其任务输入为被评审的提交物，任务输出为评审意见。录入评审意见时，不只针对提交物整体，还可对平台可解析的结构化提交物中包含的元素提出评审意见，如可针对 BIM 模型提交物包含的某个楼层、空间或构件提出评审意见。

4）创建评审意见表。本轮设计迭代对应的协同工作计划结束时，IPD 项目协调员对当前协同工作计划实施过程中产生的所有评审意见进行筛选，有价值的评审意见被筛选出来，即有效评审意见，被抛弃的评审意见为无效评审意见。本轮设计迭代产生的所有有效评审意见构成评审意见表。评审意见表包含的有效评审意见将在下一轮设计迭代中得到落实，相应地会影响下一轮设计迭代协同工作计划的制订。

3. 设计优化背景部分

评审意见表、评审意见、有效评审意见、无效评审意见、修改描述之间的关系已连同计划部分包含的各类任务进行了介绍，这里不再赘述。

当本轮设计迭代存在多个并行设计方案时，需要利用 CBA 方法进行比较。CBA 方法中包含 4 个关键概念，下面以表 6.9 为例说明这 4 个概念。①CBA 选项，指备选的两个或多个设计方案，对应于信息模型中 CBA 表的输入设计方案，如表 6.9 中的"设计方案 V3"与"设计方案 V4"。②CBA 要素，指进行方案比选时的决策要素，如表 6.9 中的"暖通系统成本""土建成本"等。③CBA 属性值，指备选设计方案的特点、质量或结果，未在信息模型中以类的形式定义，而是 CBA 要素的实例，如表 6.9 中的"暖通系统成本"的值。④CBA 指标，分为两类，分别为强制指标与非强制指标，前者指每个备选方案必须满足的指标，如表 6.9 中对应于"能耗成本"的"不高于 21 万元/年"；后者指决策者倾向于越高/低/多/少越好的指标，如对应于"土建成本"的"越少越好"。根据 CBA 表的比较结果，一个或多个设计方案被选中，即作为 CBA 表的输出，在后续的设计迭代中被继续深化。

表 6.9　CBA 表示例

设计方案	暖通系统成本/万元 [越少越好]	土建成本/万元 [越少越好]	能耗成本/（万元/年）[不高于 21 万元/年，越少越好]
V3	1000	3000	2
V4	1300	3000	1

4. 提交物部分

在该信息模型中，将用户执行完一次任务上传的文件的总和统称为一个提交物。一个提交物内包含结构化文件，如 BIM 模型、结构化文档（如 XML 形式的施工方案）等。结构化文件由一系列数据对象组成，如 BIM 模型由 BIM 对象组成、结构化文档由一系列文档元素构成。此外，提交物也会包含非结构化文件，如图纸、非结构化文档等。绝大多数提交物并非凭空建立，而是依赖于其他提交物，如"暖通模型"依赖"建筑模型"。

由于 IPD 项目中存在频繁的修改、优化及大量的并行方案，提交物之间极易出现信息不一致的情形。例如，建筑设计人员根据评审意见的要求修改"建筑模型 V2 至 V3"，而暖通设计人员在未接到通知的情况下基于旧版本的"建筑模型 V2"建立了"暖通模型 V2"，即两个提交物之间出现了不一致。为避免以上情况，在该信息模型中，不只针对单个提交物进行版本管理，而是将相互之间保持一致性的提交物统一归入同一个版本的设计方案内。如图 6.3 所示，"建筑模型 V1""暖通模型 V1""能耗计算报告 V1"均属于"设计方案 V1"。当"暖通模型 V1"根据评审意见进行修改时，"能耗计算报告 V1"受其影响也进行修改，而"建筑模型 V1"未进行修改。以上修改完成后，无论各提交物是否发生修改，其间保持信息一致性，统一隶属新的"设计方案 V2"。其中，建筑模型虽然未进行修改，但是依然在"设计方案 V2"中创建与"建筑模型 V1"相同的副本"建筑模型 V2"。通过这种设计版本管理方式，前文提出的功能性需求（F25：设计方案版本管理）得以实现。

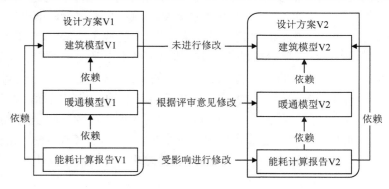

图 6.3　设计方案版本管理示例

5. 提交物内容部分

本信息模型采用内容元素描述提交物包含的内容，内容元素包含三个子类，分别为区域、楼层及分类项。前两个子类对与提交物内容相关的建筑空间区域进行了描述，较好理解，不再赘述。对于建筑工程项目中的信息，根据不同的分类角度，则有不同的分类项。例如，BIM 模型描述了一系列建筑实体，如墙、梁、板、柱等；施工方案描述了一系列工作过程，如绑钢筋、支模板。为此，本书引入了为行业广泛认可的 Omniclass 分类体系中的建筑实体类（源于 Uniformat 分类体系），用于对设计提交物包含的内容进行描述；引入了工作结果类（源于 MasterFormat 分类体系），用于对施工提交物包含的内容进行描述。例如，如图 6.3 所示，建筑模型包含一系列建筑实体类，如"外墙""外窗"等。

当一个提交物依赖另一个提交物时，该依赖关系可以细化至其包含的内容要素层面，如图 6.4 所示。能耗计算报告依赖建筑模型所包含的"外墙""外窗"等类，而不依赖"内部隔断"等类。

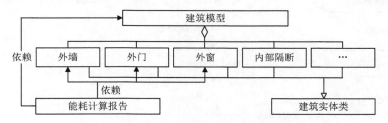

图 6.4　提交物包含内容要素及依赖关系细化示例

当然，对于实际 IPD 项目，其提交物多种多样，未来可引入更多的分类体系以满足描述提交物内容的要求。但是若仅为满足研究目的，则在开发的原型系统中暂时仅引入建筑实体类与工作结果类即可。

6.2.3　将信息模型转化为本体

在本协同工作平台，OWL 本体语言被用于描述关联数据的结构，其作用类似于信息模型规定信息结构。因此，建立本体的过程是将前文建立的 IPD 项目协同工作信息模型转化为本体，具体转化过程介绍如下：

1）信息模型中的类转化成 OWL 本体中的类，即 owl:class。

2）信息模型中的关系转化为 OWL 本体中的对象属性，即 owl:objectProperty。

3）信息模型中类的属性（为简化起见，未在 UML 图中展示）转化为 OWL 本体中的数据类型属性，即 owl:dataTypeProperty。

4）信息模型中类之间的继承关系利用 OWL 本体中的 owl:subClassof 表示。

5）本体中类与属性的 ID 以 URI 的形式表示。URI 的组成为"本体名称+信息模型中类/属性/关系的英文名称"。例如，组织本体中，实施小组的 URI 为 http://www.IPD.cn/organizational/group 。当定义前缀 org 为 http://www.IPD.cn/organizational/时，该 URI 可简化为 org:group。

从上面的转化过程可以看到，信息模型表达的内容被完整地转化至 OWL 本体中，两者的区别仅仅体现在语法层面。为方便理解，图 6.5 给出了对应于信息模型组织部分的组织本体示例，上部为本体的图形化表达，下部为相对应的 XML 代码。为简化起见，后续对 OWL 本体的图形化表达依然以 UML 的形式进行。

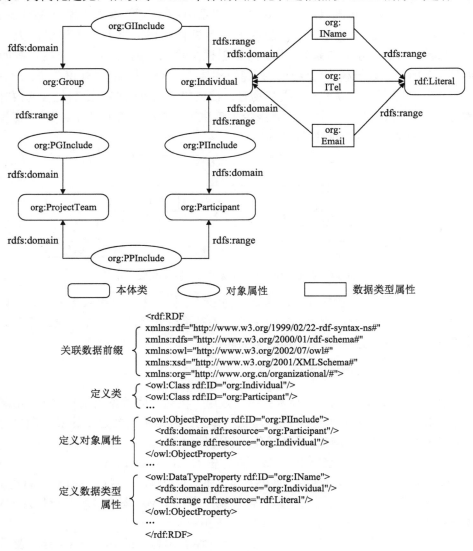

图 6.5 组织本体示例

6.2.4　编辑本体

在以上 OWL 本体基础之上，为满足 IPD 项目的需求，需要定义新的类与关系对 OWL 本体进行编辑与扩展，如图 6.6 所示，具体如下：

1）提交物类的子类，如"建筑模型""能耗计算报告"等。

2）提交物子类包含的内容要素，如"建筑模型"包含"外墙""外窗""外门"等建筑实体类。

3）提交物子类之间的依赖关系，如"能耗计算报告"依赖"建筑模型"。

4）CBA 要素，如"建筑能耗"。

5）CBA 要素与提交物子类之间的关联关系，这里的提交物子类指的是计算或分析类的提交物，如"建筑能耗"与"能耗计算报告"相关联。

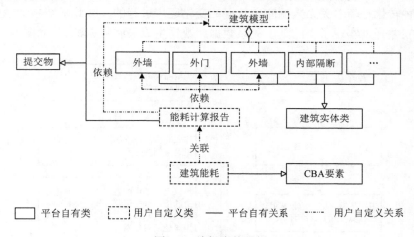

图 6.6　编辑本体示例

一般来说，大多数提交物子类包含的内容要素之间的依赖关系在不同的 IPD 项目中是相同的，可以在平台中进行预先定义。然而，部分 IPD 项目会存在特殊性。为此，本协同工作平台需要提供本体编辑功能模块，支持用户对以上类与关系进行新建、修改、删除等操作，图 6.6 给出了示例。

此外，在定义提交物子类时，需要设定有资格创建、修改、评审该提交物的参与方及创建该提交物的预估时间，为后续半自动生成协同工作计划提供基础性数据。

6.2.5　关联数据生成机制

如前所述，平台上的数据源从形式上可分为三类，即关系数据库中的数据、结构化提交物及非结构化提交物。在原型系统开发过程中，本协同工作平台可解析的结构化提交物仅为 IFC 格式的 BIM 模型，未支持更多的结构化提交物，其他提交物均视为非结构化提交物。在平台运行过程中，数据源不断积累新数据，相应地，需要建立基于动态变化的数据源生成关联数据的机制，使关联数据作为索引与数据源始终保持一致。

1. 基于关系数据库数据生成关联数据机制

虽然已有关系数据库（relational database，RDB）到资源描述框架（resource description framework，RDF）映射语言（RDB to RDF mapping language，R2RML）及一系列相关工具支持将关系数据库数据转化为 RDF 格式的关联数据，如 db2triples、Spyder、Ultrawrap 等，但是利用以上工具进行的转化是批量性地，即将关系数据库中所有与本体相对应的数据统一转化成关联数据。在本协同工作平台中，这种转化是随着关系数据库中数据的变化逐步进行的，因此本节参考 R2RML 方法建立并开发实现了新的基于关系数据库数据生成关联数据机制，如图 6.7 所示。

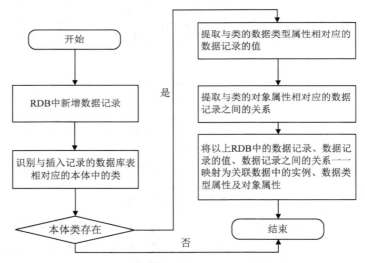

图 6.7　基于关系数据库数据生成关联数据机制

当 RDB 中新增一条记录时，平台识别出与插入记录的数据库表相对应的本体中的类。针对该类的数据类型属性与对象属性，相对应的数据库记录的值及与其他记录之间的关系被提取出来。随后，以上 RDB 中的数据记录、数据记录的值、数据记录之间的关系——映射为关联数据中的实例、数据类型属性及对象属性。

2. 基于非结构化提交物生成关联数据机制

用户在上传提交物后，平台需要建立与提交物相对应的关联数据实例，以及与关联数据实例相关的对象属性与数据类型属性，生成机制如图 6.8 所示。

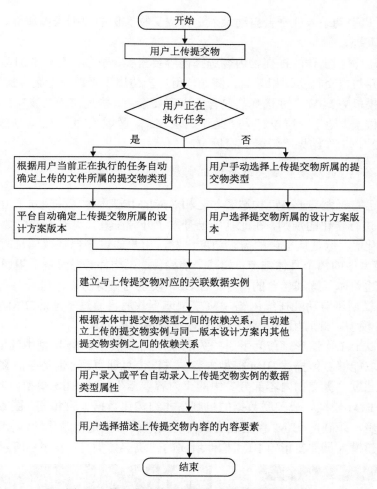

图 6.8　基于非结构化提交物生成关联数据机制

1）用户上传提交物时存在两种情形：一种是用户在执行平台推送的任务时上传，另一种是用户直接上传。对于前一种情形，上传的提交物所属类型即为任务输出提交物类型，上传提交物所属的设计方案版本即为本轮设计迭代所对应的设计方案版本，两者可由平台自动确定；对于后一种情形，用户需要人工选择上传提交物所属的提交物类型及所属的设计方案版本。当类型与版本确定后，平台在关联数据中建立与上传的提交物相对应的关联数据实例。

2）在本体中，提交物类型之间的依赖关系已经得到定义，如"能耗计算报告"基于"建筑模型"。根据类型之间的关系，平台自动建立上传的提交物实例与同一版本设计方案内其他提交物实例之间的依赖关系，如新上传的"能耗计算报告 V2"依赖"建筑模型 V2"。

3）用户手动录入或平台自动录入上传提交物实例的数据类型属性，如上传时间、上传人等。

4）用户根据上传的提交物内容选择内容要素类，平台自动建立对应的内容要素实例，并与提交物实例相关联。例如，用户上传属于"设计方案 V2"的"A 区地下结构模板方案 V2"并选择其包含的内容要素后，描述该提交物实例内容要素实例包括楼层"地下一层 V2"与"地下二层 V2"、区域"A 区 V2"、建筑实体"地下结构 V2"、工作结果"混凝土模板 V2"。

3. 基于 BIM 模型生成关联数据机制

当前已有研究基于 IFC 构造了与之相对应的 IFC 本体，并建立了 IFC 数据向 RDF 数据进行转化的规则，在此基础上开发了开源工具，实现了 IFC 数据向 RDF 数据的转化[3]。但是从平台的需求角度出发，用户通过平台获取信息时，并不关注 BIM 模型中的每个具体细节，如某个墙构件、梁构件等，而是希望通过对 BIM 模型的描述总体了解其包含的内容。若 BIM 模型为自身所需，则用户利用平台提供的 BIM 模型浏览功能在线浏览 BIM 模型或下载后再通过本地的 BIM 软件浏览、编辑 BIM 模型，此时用户才有了解 BIM 模型细节的要求。

针对以上工作情形，作为索引的关联数据无须包含 BIM 模型中的所有信息，而只需抽取能够总体描述 BIM 模型内容的关键信息即可。这也是在前文建立的信息模型只通过"提交物内容部分"中的"内容要素"描述 BIM 模型内容的原因。

基于 BIM 模型生成关联数据的机制与非结构化数据大致相同（图 6.8），只是在最后一步，即确定 BIM 模型包含的内容要素的过程是自动化的。在进行 BIM 建模时，建模人员需要指定 BIM 构件所属的建筑实体类。如图 6.9 所示，用户在

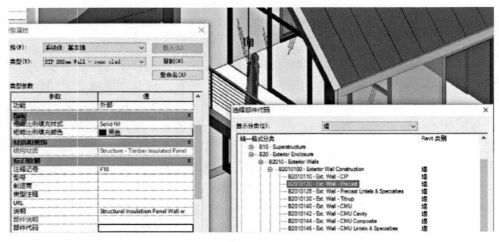

图 6.9　建模时指定构件所属建筑实体类示例

利用 Revit 软件建模时，指定选中墙体属于 Revit 类别"预制外墙"。在这里，Revit 采用的分类体系即对应所采用的建筑实体类。用户上传 BIM 模型后，平台可通过解析 BIM 模型自动确定 BIM 模型的内容要素，即所属的区域、包含的楼层与包含的建筑实体类。

6.2.6　关联数据的应用

关联数据提供了成熟的搜索语言 SPARQL。该搜索语言可以为系统开发人员所用，以便从关联数据中提取所需信息，实现平台的功能性需求，如提取信息自动生成 CBA 表、展示信息之间的关系等。此外，SPARQL 作为一种语义搜索，支持用户通过理解本体表达的知识自定义复杂的搜索语句，以获取自身所需信息。

1.　图形化定义 SPARQL 搜索

作为介绍后续应用的基础，首先对 SPARQL 进行简单介绍。利用 SPARQL 语言对关联数据进行搜索是通过图模式匹配实现的，即定义 SPARQL 语言为图结构，通过匹配关联数据图结构与 SPARQL 图结构相同的部分，获取需要查询的信息。SPARQL 查询分为 4 个部分，即图模式（graph pattern，GP），表示查询意图；数据集（data set，DS），表示被查询的关联数据；解修饰符（solution modifier，SM），表示对查询结果的约束；结果（result，R），表示查询结果及其输出形式。

图 6.10 所示为一个典型的 SPARQL 语句代码表达与相对应的图形化表达。参考对关联数据的综述，其中的类与关系应以 URI 的形式进行表达。但为便于理解，此处均以文字替代。在该查询语句中存在两种类，分别为目标类与相关类。

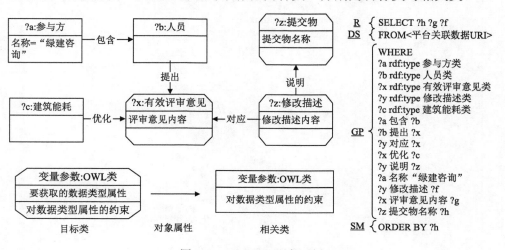

图 6.10　SPARQL 语句示例

其中，目标类表示要查询的信息所属的类，如要查询的"评审意见内容"所属的"评审意见"类；而相关类为与目标类相关的其他类，如"人员"类、"建筑能耗"类等。"?···"等为自定义的变量。以下查询语句实现的查询意图为"为降低建筑能耗，绿色建筑咨询服务（以下简称绿建咨询）提出了哪些评审意见？其落实情况如何？"，查询结果如表 6.10 所示。

表 6.10　SPARQL 语句查询结果

提交物	评审意见内容	修改描述内容
建筑模型 V3	为降低建筑能耗，建议采用隔热性能更好的玻璃幕墙	采用低辐射保温隔热膜，提升玻璃幕墙隔热率
暖通模型 V4	为降低建筑能耗，建议采用能效比更高的空调	采用变频空调，将能效比由 3 级提升为 2 级

　　从以上示例中可以看到，利用 SPARQL 可以定义复杂的搜索，这是传统的关键字搜索难以实现的。但同时也可以发现，让用户直接创建以上 SPARQL 语句代码难度较大。为此，本协同工作平台提供图形化手段支持用户自定义 SPARQL 语句，即用户不再书写 SPARQL 代码，而是创建图 6.10 所示的 SPARQL 图，系统界面如图 6.11 所示。在该界面中，左侧的类选择区以树状结构的形式展示了本体、其包含的类及类之间的继承关系，供用户进行选择；右侧的区域可通过选择不同的选项卡显示搜索图、搜索语句及最后的搜索结果。

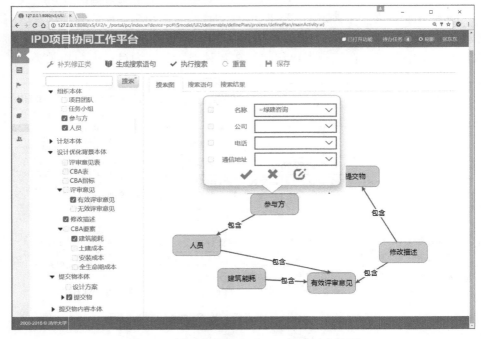

图 6.11　图形化定义 SPARQL 搜索用户界面

该功能的使用过程具体介绍如下：

1）用户选择目标类与相关类。用户根据查询意图选择本次查询的目标类及相关类。例如，对查询意图"为降低建筑能耗，绿建咨询提出了哪些评审意见？其落实情况如何？"的关键词进行分析，可得到目标类与相关类，其对应关系如图 6.12所示。确定这些类后，在用户界面中选中相应的类。为方便寻找类，平台提供了对类的关键字搜索功能。当类被选中后，代表该类的圆角矩形在右侧搜索图中同步出现。

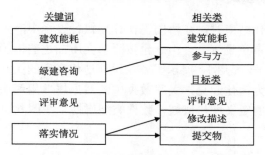

图 6.12　查询意图中关键词与 OWL 类的关系

2）平台自动补充修正相关类。用户根据查询意图选择的类之间可能是相互割裂的，被选中的类无法构成一个正确的 SPARQL 搜索。单击"修正补充类"按钮时，平台会对用户选择的类进行补充与修正。例如，根据图 6.11 所示的本体，"参与方"类与其他被选择的 4 个类之间，即"评审意见"类、"修改描述"类、"提交物"类、"建筑能耗"类不存在关联。为此，平台将根据本体规定，利用基于图的搜索算法自动补充相关类，即"人员"类。此外，根据本体的规定，"修改描述"类与"评审意见"类之间不存在关系，而是与其子类"有效评审意见"类存在关系。为此，平台用"有效评审意见"类替代用户所选择的"评审意见"类。

3）用户对所有类的数据类型属性进行约束。用户搜索图中的某个类时，平台会弹出气泡显示该类包含的所有数据类型属性。用户可通过在编辑框中录入条件来约束相对应的数据类型属性，如要求"参与方"类的"名称"属性的值为"绿建咨询"。

4）用户从目标类中选择要获取的数据类型属性，即选中气泡中的数据类型属性，如"评审意见"类中的"评审意见内容"属性、"修改描述"类中的"修改描述内容"属性及"提交物"类中的"提交物名称"属性。

5）单击"生成搜索语句"按钮，系统将自动生成 SPARQL 语句，若了解 SPARQL 语法，则可对 SPQARQL 语句进行编辑，以进行更高级的搜索。

6）单击"执行搜索"按钮，系统将根据 SPARQL 搜索语句对关联数据进行搜索，得到表 6.11 所示结果。

该应用对应于功能性需求 F33。

表 6.11　半自动生成的 CBA 表示例

设计方案	暖通系统成本/万元 [越少越好]	土建成本/万元 [越少越好]	能耗成本/（万元/年） [不高于 21 万元/年，越少越好]	全生命期成本/万元 [越少越好]
V3	1000	3000	2	5000
V4	1300	3000	1	4600

2. CBA 表自动生成

当一轮设计迭代结束时，在协同工作计划执行过程中产生的一系列信息，如计划、提交物、评审意见等，会由平台按照前文所描述的机制生成相应的关联数据。图 6.13 给出了一个示例，展示了一轮设计迭代产生的关联数据的提交物与设计优化背景部分。为简化起见，关联数据中的对象属性用箭头表示，其起点与终点分别为关系属性的定义域与值域，数据类型属性未在图 6.13 中进行表示。

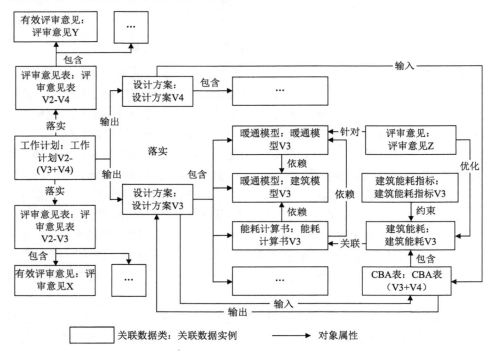

图 6.13　设计迭代产生的关联数据示例（提交物与设计优化背景部分）

当设计迭代完成后，平台利用 SPARQL 搜索从图 6.13 的关联数据中提取出该迭代涉及的设计方案 V3 与设计方案 V4，以及与其相对应的 CBA 要素、CBA 属性、CBA 指标。接着，如表 6.11 所示的 CBA 表被生成，供用户比选设计方案使用。该应用对应于功能性需求 F27。

3. 关系展示

为简化项目信息的追溯，如图 6.14 所示，通过 SPARQL 搜索提取相关信息，不同设计版本之间的关系被展示出来，以明确设计方案的演进过程。其中，有效评审意见表由有效评审意见组成，展示不同设计方案之间的修改内容。CBA 表跟随并行设计方案，展示了设计方案的评价与比选。用户可以通过单击图中的元素，如提交物、意见、CBA 表等，获取更详细的信息。

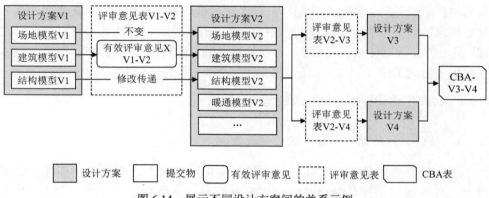

图 6.14　展示不同设计方案间的关系示例

此外，通过 SPARQL 搜索提取相关信息，各设计版本内部之间的关系被展示出来，以帮助用户获得同一个设计方案内部一套相互之间保持一致的信息，如图 6.15 所示。这些关系可以展开或收起，用户可以通过逐步展开关系获得所需的信息。该应用对应于功能性需求 F32。

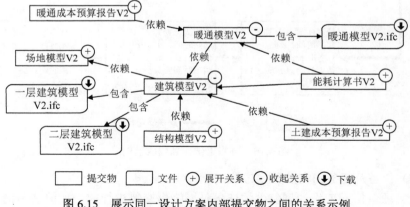

图 6.15　展示同一设计方案内部提交物之间的关系示例

6.3 协同工作计划半自动生成与自动维护机制

在 IPD 项目中，协同工作计划规定各参与方在何时执行何种任务，其质量高低直接决定了协同工作效率，因此十分重要。

6.1.2 节所述的 IPD 项目进度管理的复杂性决定了单纯依靠个人利用工作流定义功能来人工定义与维护协同工作计划十分困难，且易出错。为此建立基于依赖关系与评审意见的协同工作计划半自动生成与自动维护机制，一方面在用户录入基础信息的前提下快速、半自动地生成协同工作计划，从而大幅简化计划制订过程；另一方面根据计划执行情况，自动地对已制订的协同工作计划进行实时调整，从而保证协同工作计划与其执行情况保持一致，以增加计划的可靠性。

6.3.1 协同工作计划半自动生成机制

1. 协同工作计划半自动生成机制原理

生成一个完整的协同工作计划，需要确定以下 4 个方面内容：任务及任务内容、任务顺序、任务起止时间和任务执行人。一个典型的协同工作计划构成如图 6.16 所示。下面分别介绍以上 4 方面内容的确定方法。

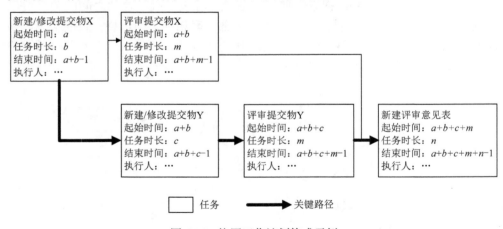

图 6.16 协同工作计划构成示例

（1）任务及任务内容的确定方法

IPD 项目协同工作计划包含的任务是围绕提交物进行的，如前文中信息模型计划部分所示，IPD 项目协同工作计划包含 4 类任务，分别为新建提交物任务、修改提交物任务、评审提交物任务、新建评审意见表任务。其中，一个"评审提交物任务"必然跟随着一个"新建/修改提交物任务"。每个协同工作计划包含的最后一个任务为"新建评审意见表任务",该任务为所有"评审提交物任务"的后序任务。这意味着只要能确定所有的"新建/修改提交物任务",即能确定所有的任务及任务内容。其关键是确定在协同工作计划中要新建/修改哪些提交物。

在协同工作计划中,需要新建/修改的提交物可以划分为如下 4 类:

1)指定新建的提交物。计划人员在制订协同工作计划时需要确定要实现的目标,具体说来,即指定新建哪些提交物。

2)补充新建的提交物。IPD 项目涉及的提交物类型众多,计划人员不可能全面指定新建的提交物。例如,计划人员指定新建"能耗计算报告",但是"暖通模型"尚未被创建,即执行"新建能耗计算报告任务"尚缺乏基础信息。在编辑提交物本体时,需要定义提交物之间的依赖关系,多个提交物之间的依赖关系就构成了"有向图"结构,如图 6.17 所示。基于该图结构,可以利用基于图的搜索算法[4]计算出需要新建的但是计划人员未指定的提交物。在图 6.17 表达的示例中,若"建筑模型"已被上传,"暖通模型"未被上传,当计划人员指定新建"能耗计算报告"时,平台将利用基于图的搜索算法自动确定需要补充新建的提交物为"暖通模型"。

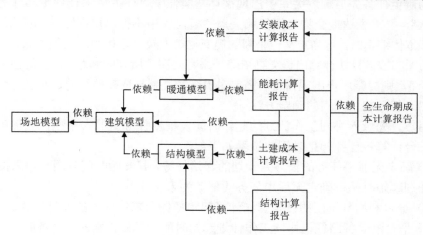

图 6.17　提交物依赖关系图结构示例

3)有效评审意见针对的提交物。上一轮设计迭代产生的一系列有效评审意见被包含在有效评审意见表中。当计划人员在制订当前协同工作计划时,选择要落实的有效评审意见表,即确定要修改有效评审意见所针对的提交物。

4)修改传递影响的提交物。需要指出的是,修改不只发生在有效评审意见所针对的提交物上,修改还会引起依赖该提交物的其他提交物的修改,即修改发生了传递。例如,在图 6.17 中,"安装成本计算报告"已经上传,若"暖通模型"发生了修改,则"安装成本计算报告"需要相应地进行修改。针对这一特点,平台利用图的搜索算法确定受修改传递影响的提交物。

当以上 4 类提交物确定后，对应于前两类提交物，相应地建立"新建提交物任务"；对于后两类提交物，相应地建立"修改提交物任务"。接着，对应于每个"新建/修改提交物任务"建立"评审提交物任务"，最后建立"新建评审意见表任务"。至此，所有的任务及任务内容确定完毕。

（2）任务顺序的确定方法

根据信息模型的规定，任务与提交物的关系如图 6.18 所示。任务的先后顺序对应于任务输出提交物之间的依赖关系。

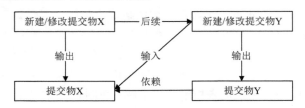

图 6.18　任务与提交物的关系

为避免任务先后顺序关系中出现循环，类似于"任务 A→任务 B→任务 C→任务 A"，要求表达提交物之间依赖关系的有向图中不得出现回路[4]。因此，用户在进行本体编辑时，每当定义一个新的提交物类型及与之相关的依赖关系，平台就会调用图的搜索算法计算出提交物依赖关系有向图中所有的回路，若计算出的回路数大于 0，则提醒用户出现错误，需要对提交物类型与依赖关系的定义进行修改。

（3）任务起止时间的确定方法

用户首先录入协同工作计划的起始时间，根据任务量的大小预估各任务的时长。平台计算各任务起止时间的步骤如下：

1）确定无前序任务的任务为计划的起始任务，其开始时间为用户输入的协同工作计划起始时间；确定无后序任务的任务为末位任务。

2）平台利用基于图的搜索算法计算起始任务至末位任务的所有路径。

3）平台沿着各路径以协同工作计划起始时间为基础，累加各任务时长，路径上任意一个任务的起始时间为

$$\mathrm{TT}_n = \mathrm{PT} + \sum_{i=0}^{n-1} D(i)$$

式中，PT 为协同工作计划开始时间；$D(i)$ 为路径上当前任务的前面所有任务的时长。

当有多条路径经过同一个任务时，该任务的起始时间为利用以上公式计算出的各路径上该任务的所有起始时间的最大值。

4）平台计算出协同工作计划的关键路径[5]，用户可以通过调整关键路径上任务的时长或起止时间调整整个协同工作计划的完成时间，确保计划结束时间满足

项目里程碑的要求。

（4）任务执行人的确定方法

在定义提交物类型时，已规定对提交物有创建、修改、评审权限的参与方，计划制订人可从参与方中选择具体人员作为任务执行人。

2. 协同工作计划半自动生成机制流程

基于以上原理，本章建立协同工作计划半自动生成机制，如图 6.19 所示。

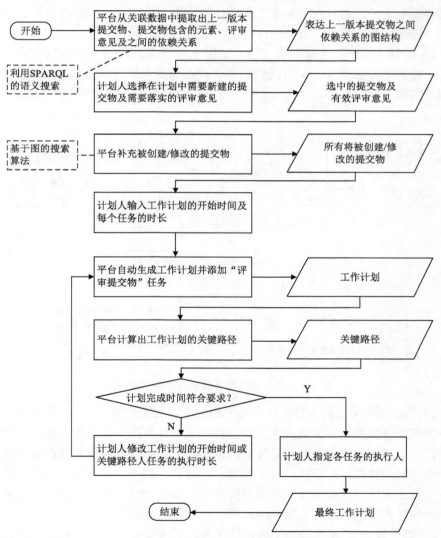

图 6.19 协同工作计划半自动生成机制

当上一个迭代完成时，各参与方提出的建议被筛选，有效评审意见需要在下一个设计迭代中被落实。基于提交物之间的依赖关系及有效评审意见，利用计划半自动生成功能模块，可生成下一轮设计迭代的协同工作计划。计划的生成过程介绍如下。

1）利用 SPARQL 搜索将关联数据中的提交物、提交物之间的依赖关系、提交物包含的内容要素、提交物与内容要素之间的依赖关系提取出来，形成一个仅含包含与依赖关系的图结构（图 6.17）。为简化起见，该示例先不考虑提交物包含的内容要素及提交物与内容要素之间的依赖关系，关于这一部分的说明见本小节下文"修改传递的细化"部分的内容。

2）计划人员选择创建的提交物，如图 6.20 所示，包含全生命期成本计算报告、土建成本计算报告，同时确定要落实被接受的有效评审意见 1，即与建筑模型相关的意见。

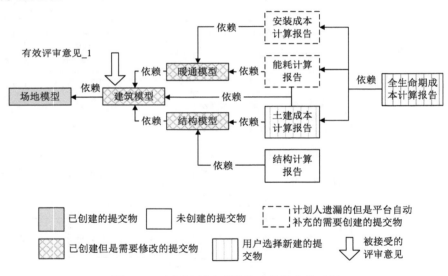

图 6.20　选择被创建或被修改的提交物示例

3）平台利用图的搜索算法补充需要创建或修改的提交物。上一步选择的提交物所依赖的提交物，如安装成本计算报告、能耗计算报告被补充进来。需要指出的是，修改不只发生在修改意见针对的提交物上，修改还会引起依赖该提交物的其他提交物的修改，即修改发生了传递。针对这一特点，平台利用图的搜索算法确定已经上传的但受修改传递影响的提交物，如结构设计模型，并补充进来。接着计划制订人员录入协同工作计划开始时间及各任务的时长。

4）基于要创建/修改的提交物、提交物之间的依赖关系、协同工作计划的开始时间及各任务的时长，半自动生成协同工作计划，如图 6.21 所示。此外，平台在每一个"创建/修改提交物"任务后面自动添加"评审提交物"任务,并在协同工作计划的最后添加"新建评审意见表"任务,同时赋予默认的执行时长。

5)以上初始协同工作计划的关键路径被计算出来。计划制订人员修改协同工作计划的开始时间及关键路径上任务的执行时长,如图 6.21 所示,以确保协同工作计划按时结束。最后,计划制订人员指定每个任务的执行人并完成最终协同工作计划。

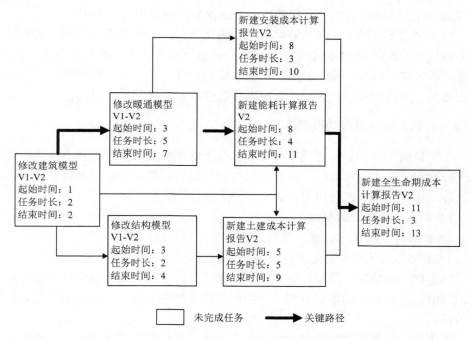

图 6.21 生成的协同工作计划及平台识别出的关键路径(省略评审提交物任务)

6)协同工作计划生成后,被转化并导入工作流数据库中,由工作流引擎运行。当用户执行任务时,本平台将前序任务中用户上传的提交物推送给当前任务用户,当前用户下载提交物包含的文件。当执行的是"创建/修改提交物"任务时,用户上传文件并录入对应于意见的修改描述。如果已定义与任务输出提交物相关的设计要素,则用户需要根据提交物的结果录入设计要素的值,即设计属性。当执行的是"评审提交物任务"时,用户需要基于被推送来的提交物录入意见。

3. 修改传递的细化

如前文 IPD 项目协同工作信息模型所示,提交物之间的依赖关系不仅存在于提交物整体层面,也存在于提交物内容要素层面,相应的修改传递也可发生在该层面(图 6.4)。虽然能耗计算报告依赖建筑设计模型,但是如果建筑设计模型中只有内部隔断发生修改，则修改并不会传递至能耗计算报告。

用户在录入评审意见时，可以针对提交物包含的某一个或多个内容要素提出，修改传递的起点不再是提交物整体，而是提交物包含的内容要素。

在计划执行过程中，当上传某提交物时，确定哪些内容要素发生修改的方式有如下两种：

1）人工方式。当用户上传修改后的提交物时，人工录入修改描述，并从预先定义的该提交物类包含的内容要素中选择本次修改涉及的内容要素。

2）自动方式。对于平台能够解析的结构化文件，以 BIM 模型为例，采用 BIM 服务器提供的比较 BIM 模型的功能函数。通过比较前后两个版本的 BIM 模型，确定新版本较旧版本新增、修改、删除了哪些构件；通过查询这些构件对应的建筑实体类、所属的楼层、区域，进而确定哪些内容要素发生了修改。

6.3.2 协同工作计划自动维护机制

无论协同工作计划制订得多么完善，都无法预料实际执行过程中出现的所有情况。为保证计划的可靠性，需要及时对计划进行调整，以满足项目实际情况。在执行过程中，以下三种情况会触发协同工作计划发生变化：

1）项目出现突发情况。

2）制订计划时考虑的修改传递未在计划执行过程中发生。

3）任务执行人未按计划时间（早于或晚于）完成任务。

对于第一种情况，需要计划人利用计划半自动生成机制重新制订计划；对于后两种情况，计划自动维护机制可对协同工作计划进行修改，以保证其与实际情况相符。

具体地，针对第二种情况，根据前文所述，平台在生成计划时，会将所有可能的修改传递考虑在内。而在计划实施执行过程中，有些修改传递并不会发生，主要体现在以下两个方面：

1）后续提交物依赖的前续提交物的内容要素未发生修改。如前文所述，建筑设计模型中只有内部隔断发生修改时，修改并不会传递至能耗计算报告。

2）后续提交物依赖的前续提交物或其包含的内容要素发生了修改，但修改不足以触发后续提交物修改。例如，当建筑设计模型的外窗位置发生了改变，但是外窗的尺寸、材料未变化，仅位置的修改不会引起建筑能耗的变化。因此，虽然后续的能耗计算报告依赖于内容元素外窗，但依然无须进行修改。

以上两种情况的出现，意味着计划制订时所依赖的修改传递路径被"打断"。如图 6.22 所示，当"修改建筑模型 V1-V2"任务完成后，暖通设计人员根据建筑模型的修改情况确定无须修改暖通模型，意味着"建筑模型-暖通模型""暖通模型-安装成本计算报告""暖通模型-能耗计算报告"的修改传递路径被取消。

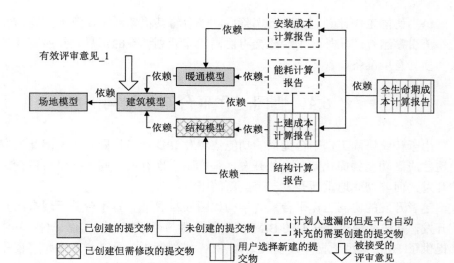

图 6.22　修改传递路径被"打断"后，选择被创建或被修改的提交物示例

修改路径被打断后，新的协同工作计划被半自动生成，如图 6.23 所示。

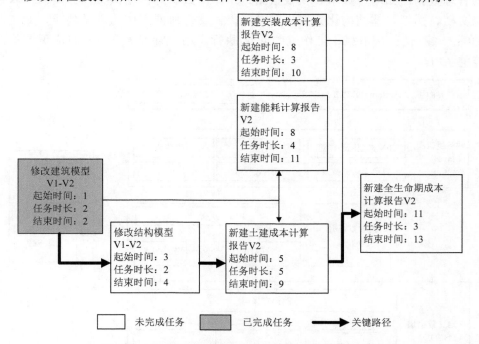

图 6.23　修改路径被打断后动态调整计划的结果示例

此外，当协同工作计划中包含的任务被提前或延后完成时，平台自动对各任务的开始-结束时间进行调整。

每当协同工作计划完成动态调整后，平台将其更新至工作流数据库，并利用工作流引擎运行。此外，平台还会将协同工作计划调整的消息通知所有任务执行人，使其有所准备。

6.4 协同工作平台系统架构

由于传统协同工作平台提供的功能依然对 IPD 项目协同有用，因此为有效利用这些成熟功能并简化新平台的开发，最好基于现有的协同工作平台进行定制性的开发，而非彻底地重新开发一个全新的平台。

笔者开发的协同工作平台系统架构如图 6.24 所示。本平台基于现有的开源系统开发，开源系统包括开源的 BIM 模型服务器与开源的协同工作平台。其中，前者提供了 BIM 模型数据库，以及诸如 BIM 模型解析、检查、查询、可视化等功能，同时还提供了供其他系统调用这些功能的应用程序接口（application programming interface，API）。后者提供数据库，以管理结构化的、与协同相关的管理数据，如用户数据、权限数据、工作流数据等；提供文件存储器，以存储文档、图纸等非结构化数据；同时还提供支持协同工作的常见功能，如文件的签入/签出/上传/下载、工作流的创建/执行、用户管理等，以及对应于这些功能的 API。

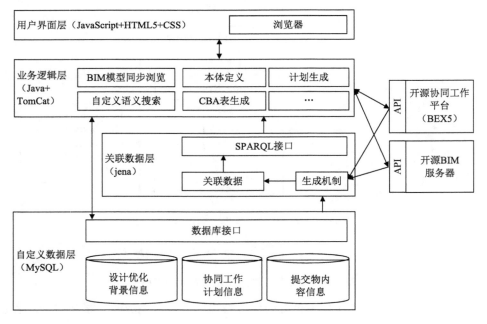

图 6.24 协同工作平台系统架构

　　本协同工作平台的系统架构基于经典的三层架构建立。其中,自定义数据层用于存储与管理以上开源系统中没有的数据;业务逻辑层由一系列对应特有功能性需求的功能模块构成,这些功能模块可调用开源系统提供的 API。本平台基于 B/S 架构,采用网络浏览器作为其客户端。

　　除以上三层外,针对关联数据的生成、存储与管理,本协同工作平台在三层架构的基础上加入了关联数据层。在关联数据层中,利用关联数据生成机制,将自定义数据层、开源协同工作平台数据库、开源 BIM 服务器数据库中的信息抽取并转化为关联数据,实现关联数据与原始数据的同步。关联数据层包含的 SPARQL 接口支持业务逻辑层中的功能模块对关联数据进行查询,以满足特定的业务需要。当然,业务逻辑层中的功能模块也可直接通过数据库接口获取自定义数据层中的信息,或者通过 API 获取开源协同工作平台与开源 BIM 服务器的数据库中的信息。

6.5　协同工作平台开发环境

　　基于以上系统架构,笔者借助一系列工具完成了本平台原型系统的开发。对于自定义数据层,采用 MySQL 数据库,其数据按照前面建立的信息模型进行组织;对于业务逻辑层,Java 语言被用于实现前文所述的特有功能,TomCat 用于搭建应用服务器。对于用户界面层,HTML5、CSS、JavaScript 用于开发浏览器中的用户界面;对于关联数据层,采用 JENA 对关联数据进行管理,且 JENA 提供 SPARQL 接口,支持利用 SPARQL 对其管理的数据进行查询。

　　本平台采用的开源协同工作平台为 BEX5 平台,该平台提供存储管理数据的关系数据库、文件存储库及基本的协同工作功能。本协同工作平台采用的开源 BIM 服务器是 Open BIMserver 平台,该平台提供 BIM 模型数据库及 BIM 模型解析、检查、查询、可视化等功能。

6.6　协同工作平台特有功能

　　本平台提供的特有功能模块如表 6.12 所示,包括本体编辑、计划半自动生成、工作流执行、CBA 表自动生成、关系浏览、自定义语义搜索、BIM 模型同步浏览功能模块。如前文所述,平台服务 4 类用户,分别为实施小组成员、实施小组组长、IPD 项目协调员、系统管理员。本协同工作平台绝大多数功能由开源的协同工作平台与 BIM 服务器提供,本节仅对平台新功能模块进行描述。

表 6.12　平台特有功能模块

功能模块名称	功能描述	用户
本体编辑	平台已预定义表示部分提交物、提交物包含元素（如 BIM 模型包含的类、结构化文档包含的章节）及它们之间关系的本体，用户可根据项目实际需求对本体进行编辑	实施小组组长
工作流执行	平台根据协同工作计划规定按时为用户提供其执行任务所需的信息	所有用户
计划半自动生成	平台根据在计划中落实的评审意见、用户选择的新建的提交物，半自动生成协同工作计划	IPD 项目协调员
CBA 表自动生成	平台自动收集多个并行设计方案包含的提交物、CBA 要素、CBA 属性值及 CBA 标准，自动生成 CBA 表，供用户比选方案时使用	所有用户
关系浏览	平台向用户展示同一设计方案内部、设计方案之间提交物的关系	所有用户
自定义语义搜索	平台提供直观的功能界面，支持普通用户定义语义搜索语言搜索自身所需信息	所有用户
BIM 模型同步浏览	多用户可在不同的客户端（浏览器）对 BIM 模型进行同步浏览	所有用户

6.6.1　本体编辑功能模块

该功能模块用于编辑本体中的提交物与提交物内容部分，设计如表 6.13 所示。

表 6.13　本体编辑功能模块

模块名称	本体编辑功能模块
模块功能	1）定义新的提交物类型； 2）定义提交物类型之间的继承关系、依赖关系； 3）定义提交物包含的内容要素
输入信息	1）新的提交物类型名称； 2）提交物类型所属父类； 3）提交物所依赖的其他提交物类型及包含的内容要素
信息处理	进行以上信息的创建、删除、修改、查询等操作
输出信息	信息创建、删除、修改、查询结果

6.6.2　计划半自动生成功能模块

该功能模块根据用户输入半自动生成计划，设计如表 6.14 所示。

表 6.14　计划半自动生成功能模块

模块名称	计划半自动生成功能模块
模块功能	1）根据用户输入半自动生成协同工作计划； 2）将协同工作计划转化成可执行的工作流

续表

模块名称	计划半自动生成功能模块
输入信息	1）选择在本协同工作计划中落实的有效评审意见表； 2）输入协同工作计划开始时间； 3）输入/修改各任务的时长
信息处理	1）基于以上信息输入利用基于图的搜索、DSM 等算法生成协同工作计划； 2）将协同工作计划转化成工作流引擎可执行的工作流
输出信息	协同工作计划、工作流

6.6.3　工作流执行功能模块

该功能模块根据协同工作计划的规定向指定用户推送任务及执行任务所需的信息，设计如表 6.15 所示。

表 6.15　工作流执行功能模块

模块名称	工作流执行功能模块
模块功能	1）根据协同工作计划规定向用户推送任务； 2）向用户推送执行任务所需信息； 3）用户执行任务，上传任务要求上传的提交物
输入信息	1）计划半自动生成功能模块生成的工作流； 2）用户上传的提交物； 3）描述提交物较上一版本发生哪些修改的说明
信息处理	工作流引擎执行工作流，存储用户上传的信息
输出信息	工作流的运行状态

6.6.4　CBA 表自动生成功能模块

该功能模块用于生成 CBA 表，设计如表 6.16 所示。

表 6.16　CBA 表自动生成功能模块

模块名称	CBA 表自动生成功能模块
模块功能	自动生成 CBA 表
输入信息	1）选择生成 CBA 表的协同工作计划； 2）选择要继续进行的设计方案
信息处理	平台从选择的协同工作计划中提取 CBA 表所需信息
输出信息	1）CBA 表； 2）选中的设计方案

6.6.5　关系浏览功能模块

该功能模块用于浏览不同版本之间、版本内部提交物之间的关系，设计如表 6.17 所示。

表 6.17　关系浏览功能模块设计表

模块名称	关系浏览功能模块
模块功能	1）展示同一版本内部提交物之间的关系； 2）展示不同版本之间提交物之间的关系
输入信息	查看的设计方案所属版本
信息处理	根据所选版本提取关系信息
输出信息	1）同一版本内部提交物之间的关系； 2）不同版本之间提交物之间的关系

6.6.6　BIM 模型同步浏览功能模块

该功能模块用于多方共同浏览 BIM 模型，设计如表 6.18 所示。

表 6.18　BIM 模型同步浏览功能模块

模块名称	BIM 模型同步浏览功能模块
模块功能	1）多方同步浏览 BIM 模型； 2）针对构件录入评审意见
输入信息	1）选择浏览的 BIM 模型； 2）录入评审意见； 3）选择浏览状态：控制同步浏览、跟随同步浏览、独立浏览
信息处理	1）解析并展示 BIM 模型； 2）存储评审意见
输出信息	BIM 模型三维视图

本 章 小 结

IPD 项目中各参与方之间的高效协同工作需要专门的、面向 IPD 项目的协同工作平台的支持。本章对笔者进行的基于 BIM 的 IPD 协同工作平台的研发涉及的关键技术环节及成果进行了详细阐述。该协同工作平台包含工作计划半自动生成、CBA 表自动生成、提交物关系浏览、BIM 模型同步浏览等特有功能，已被证明能够很好地应用在 IPD 项目中。

参 考 文 献

[1]　张东东. 基于 BIM 与关联数据的 IPD 项目协同工作平台研究[D]. 北京：清华大学，2017.

[2]　MA Z L, ZHANG D D, LI J L. A dedicated collaboration platform for integrated project delivery [J]. Automation in Construction, 2018, 86: 199-209.

[3]　CURRY E, O'DONNELL J, CORRY E, et al. Linking building data in the cloud: Integrating cross-domain building data using linked data [J]. Advanced Engineering Informatics, 2013, 27(2): 206-219.

[4]　张琨，张宏，朱保平. 数据结构与算法分析（C++语言版）[M]. 北京：人民邮电出版社，2016.

[5]　徐凤生. 一种新的关键路径求解算法[J]. 计算机应用与软件，2005(6): 97-99.

第7章 我国 IPD 应用案例

本章从 IPD 激励机制的验证、基于 BIM 的 IPD 协同工作平台模拟应用及 IPD 模式下 BIM 技术应用等不同角度介绍 IPD 模式的应用：首先介绍第 5 章建立的 IPD 激励机制的验证案例[1]；然后介绍第 6 章开发的基于 BIM 的 IPD 协同工作平台的应用案例[2]；最后介绍在 IPD 模式下 BIM 技术的应用案例，该案例由中国建筑集团有限公司（以下简称中建集团）提供。

7.1 IPD 激励机制验证工程案例

7.1.1 选择用于验证的建筑工程项目

为了验证第 5 章建立的 IPD 激励机制能够切实有效地帮助消除设计变更，需要选择合适的工程项目对其进行检验。为此，笔者从以下两个方面选择了合适的工程项目。

1. 满足基于 IPD 消除设计变更的条件

要想使用 IPD 模式消除设计变更，应满足两个基本条件，分别是建筑企业具有足够的经济动机和适合实施包含 IPD 模式的管理方案的项目组织结构。

笔者用于验证 IPD 激励机制的建筑企业是一家国有建筑集团公司，是中国企业 500 强之一，世界 225 家最大国际承包商之一，因此，这不但在宏观上保证满足实施 IPD 消除设计变更条件的可能性，而且还保证本次验证具有代表性，验证后的成功经验也具有推广价值。通过对该集团内部微观层次进行深入调研与分析，笔者判断该集团能够满足实施 IPD 消除设计变更的两个基本条件。对于第一个基本条件，通过访谈该集团的副总工程师，笔者了解到该集团拥有自己的房地产公司、建筑设计院和施工总承包事业部，但是当由该集团自己的施工方承担该集团自己的房地产项目施工时，建造成本在结算时远超市场平均价格，有时甚至达到将近两倍的市场平均价格。由此可见，该集团应该具有强烈的经济动机压低建筑工程项目的建造成本。对于第二个基本条件，由于房地产公司和建筑设计院是该集团旗下的子公司，并且该集团拥有自己的施工总承包事业部，因此对于由该集团总公司投资的建筑工程项目，该集团可以通过内部行政命令的方式在这三个项目关键参与方之间搭建适合于实施 IPD 模式及其所包含的项目管理方案的工程项目组织结构。

2. 满足使用 IPD 激励机制的条件

在建立 IPD 激励机制后，笔者对该激励机制的适用范围进行分析。由于通过数据点拟合方法建立该激励机制所包含参数的计算公式的原始数据全部来源于针对钢筋混凝土结构的建筑物的工程结算书，因此笔者谨慎地认为用于检验的建筑工程项目最好是针对钢筋混凝土建筑物的。

与笔者合作的这家国有建筑集团公司于 2016 年建造了一座综合科研楼，该建筑工程项目总建筑面积达 80498m²，其中地上 13 层的建筑面积为 50748m²，地下三层的建筑面积为 29750m²。表 7.1 对该综合科研楼的结构设计进行了概括，可见该建筑工程项目是针对钢筋混凝土建筑物的，它在 IPD 激励机制的适用范围之内。

表 7.1　综合科研楼结构设计基本情况

项目		内容
基础及结构形式	基础类型	梁板式筏板基础
	结构类型	框架-剪力墙结构
混凝土强度等级		垫层：C15
		基础底板、基础梁、地下室外墙：C40P8
		地下室框架柱、地上 1～4 层框架柱、剪力墙：C50
		地下室各层顶板、梁，地上 1～4 层顶板、梁：C40
		地上 5～顶层框架柱、剪力墙：C40
		地上 5～顶层顶板、梁，楼梯、坡道：C30
		预应力构件：C40
		圈梁、构造柱、过梁：C20
		后浇带：高一级补偿收缩混凝土
钢筋	钢筋类型	HPB300、HRB400
	连接形式	纵向受力钢筋直径≥22mm 时采用机械连接接头，直径＜22mm 时采用绑扎搭接
预应力		规格：$\Phi_S 15.24$
砌体结构		BM 轻集料隔声砌块、BM 轻集料混凝土空心砌块

7.1.2　执行 IPD 激励机制消除设计变更

执行该机制分为两个阶段，其中，第一阶段生成一个针对具体项目的可执行方案；第二阶段是项目关键参与方执行该方案并收集设计变更相关工程数据，用于检验 IPD 激励机制的有效性。

在第一阶段，该国有建筑集团公司针对该综合科研楼建筑工程项目召开了三次项目协调会。

第一次项目协调会的目的是确定项目参与方希望利用 IPD 模式解决的具体问题，并获得实施 IPD 模式的授权。为了达到该目的，一个关于 IPD 模式全貌的介绍性 PPT 在会议上展示给来自各参与方的经理，包括该集团的总工程师、房地产公司的总经理、建筑设计院的设计室主任和施工总承包事业部的部门经理。介绍 IPD 模式全貌的 PPT 包含目前 IPD 模式已在提高工程质量、加快工程进度、减少设计变更和改善工程信息交流等方面取得的成功，各参与方经理根据个人经验一致认为设计变更是我国建筑工程项目建造成本超预算的主要原因之一，希望能借助 IPD 模式消除拟建造的综合科研楼中的设计变更，愿意在该项目上试用 IPD 激励机制。

第二次项目协调会是向项目关键参与方介绍 IPD 激励机制。利用已收集的 22份建筑工程结算数据，笔者在理论层面建立了 IPD 激励机制，并在此次项目协调会上向各参与方经理介绍了该激励机制。因为该激励机制建议建设方用避免设计变更而节约的资金补偿设计方和施工方为消除设计变更而做出的努力，所以不仅该集团的总工程师、房地产公司的总经理、建筑设计院的设计室主任和施工总承包事业部的部门经理参加了本次项目协调会，该集团的总会计师也参加了本次项目协调会。各参与方经理根据个人经验一致认为该激励机制具有可行性且能够取得预期效果，同时他们希望该激励机制能够从理论层面落实到具体的业务流程上，即协同工作流程，并明确执行这些流程所需的技术工具。

第三次项目协调会是确定在该综合科研楼项目上实施 IPD 激励机制所需的全部细节。此次项目协调会首先确定了项目关键参与方之间适合于实施该激励机制的项目组织结构，即通过该国有建筑集团公司内部行政文件，在其房地产公司、建筑设计院和施工总承包事业部建立图 7.1 所示的项目组织结构。

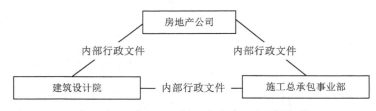

图 7.1 支持 IPD 模式的综合科研楼项目组织结构

该综合科研楼项目的工程合同价是 4 亿元，代入计算公式后得到最大容许损失值 C 为 94085.98 元；该综合科研楼的总建筑面积是 80498m^2，并且经市场调查计算出的我国 BIM 模型设计费的现行市场价平均值是 5.42 元/m^2，给予设计方的固定补偿金是 436299.16 元；施工总承包合同约定的施工方利润是 3.5%，给予施工方的固定补偿单价是 3293.01 元。这意味着该集团的房地产公司要求该集团的建筑设计院完成的 BIM 设计模型和施工图纸不能包含导致建造成本损失大于

94085.98 元的设计变更；当建筑设计院完成房地产公司的这个新增要求时，房地产公司会一次性支付给建筑设计院 436299.16 元作为补偿；针对施工总承包事业部上报给房地产公司的每个有效潜在设计变更，房地产公司补偿施工总承包事业部 3293.01 元。

作为第三次项目协调会会前准备工作，根据第二次项目协调会上项目关键参与方希望将激励机制具体化为协同工作流程和执行这些流程的技术工具的建议，笔者收集了 63 个国外 IPD 案例，从其中提炼出 21 个与激励机制相容的协同工作流程，并根据这些流程设计了 38 项应用性功能需求作为选择协同工作平台的标准。这些执行层面的协同工作流程及相应的应用性功能需求与理论层面的激励机制一起最终构成该项目应用 IPD 模式的完整方案。项目参与方在本次项目协调会上对这 21 个协同工作流程和相应的 38 项应用性功能需求进行了分析，认为全部协同工作流程都应该被该综合科研楼项目采纳，全部应用性功能需求都是该综合科研楼项目需要的。然而，现有协同工作平台并不能满足这些应用性功能需求，基于现有协同工作平台的软件二次开发满足这些需求或重新开发一个协同工作平台满足这些需求都需要消耗很长时间，所以项目参与方决定在使用现有协同工作平台 Projectwise 的情况下，采用每两周召开一次工作会议的方式满足那些 Projectwise 目前还不能满足的应用性功能需求。因为各个设计专业都是利用 BIM 技术完成自己的设计任务，并且项目参与方也是基于 BIM 技术进行协同工作，所以为了保证 BIM 设计模型数据的无损转换与共享，项目参与方决定只选择 Autodesk 公司的 BIM 设计工具软件。各技术专业选用 BIM 设计工具软件的具体情况如表 7.2 所示。

表 7.2　综合科研楼项目各技术专业使用的 BIM 设计工具软件

技术专业	BIM 工具
建筑设计	1）Autodesk Revit Architecture； 2）Autodesk Navisworks
结构设计	1）Autodesk Revit Structure； 2）Autodesk Navisworks
机电设计	1）Autodesk Revit MEP； 2）Autodesk Navisworks
给排水设计	1）Autodesk Revit MEP； 2）Autodesk Navisworks
暖通空调设计	1）Autodesk Revit MEP； 2）Autodesk Navisworks

至此，已经制订出一个具体化的针对该综合科研楼的 IPD 实施方案，这标志着激励机制试用第一执行阶段已经顺利完成。紧接着，在第二执行阶段，项目关

键参与方围绕消除设计变更展开协同工作，恰好利用该机会收集与设计变更相关的建筑工程项目业务数据，用于检验 IPD 激励机制消除设计变更的有效性。

7.1.3 设计方消除设计变更

该集团的建筑设计院为了得到该集团的房地产公司承诺的 436299.16 元补偿金，必须满足房地产公司对其提出的新增要求，即建筑设计院最终提交的 BIM 设计模型和施工图纸包含的潜在设计变更引起的建造成本损失不能超过最大容许损失值 94085.98 元。因此，建筑设计院按照从国外 IPD 案例中提炼的协同工作流程展开设计工作，首先各技术专业设计方基于建筑师的方案设计成果分别完成本专业的初步设计；然后，因为现有协同工作平台还不能提供 BIM 设计模型集成和 BIM 子模型之间的冲突检查功能，所以各技术专业设计方就利用已经在该综合科研楼项目准备阶段约定的工作会议在会议现场进行 BIM 设计模型集成和冲突检查，针对已发现的潜在设计变更问题，项目参与方在工作会议上讨论确定一个解决方案并交给一个参与方具体负责修正该问题；最后，各技术专业设计方在会后分别独立修正由己方负责的问题，并在下一次工作会上确认该问题已被修正。

建筑设计院按照从国外 IPD 案例中提炼的协同工作流程展开详细设计的流程与上述流程相同，只是增加了设计深度。首先，各技术专业设计方基于初步设计成果分别独立完成本专业的详细设计。然后，利用工作会议进行 BIM 详细设计模型的集成和冲突检查。例如，将 BIM 建筑设计模型和 BIM 结构设计模型集成后，经过冲突检查发现了"建筑图纸中电梯井外墙体留洞穿梁"问题，针对该问题，建筑设计方和结构设计方在会上讨论确定由建筑专业调整开洞标高，并制作潜在设计变更问题描述表，如表 7.3 所示。最后，各技术专业设计方在会后分别修正己方详细设计中存在的问题，并在下一次工作会上确认这些问题已被修正。例如，针对会上发现并责成建筑设计方修改的"调整电梯井外墙体开洞标高"问题，建筑设计方对建筑图纸和 BIM 建筑设计模型分别进行了修正，并制作了潜在设计变更问题修改反馈表，如表 7.4 所示。

表 7.3 潜在设计变更问题描述表（设计方）

图纸名称	西侧核心筒 13 层平面图 13 层顶梁配筋平面图	模型名称	62 号院科研楼_DD_ARCH_F13 62 号院科研楼_CD_STRU_F13
问题位置	轴(G)(6-7)	涉及专业	建筑、结构
问题描述	建筑图纸中电梯井外墙体留洞穿梁（附近位置有相同问题）		
设计方意见	建筑专业调整开洞标高		

续表

问题截图	
三维图	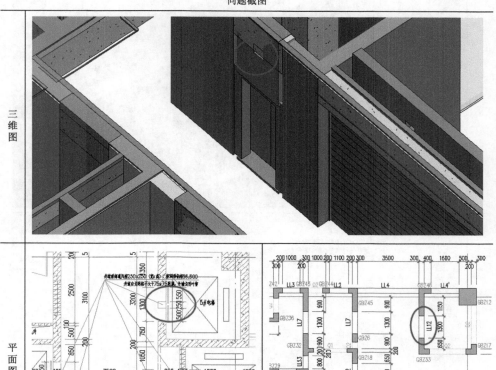
平面图	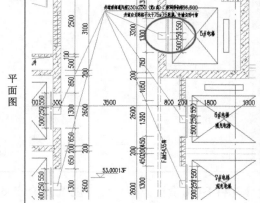 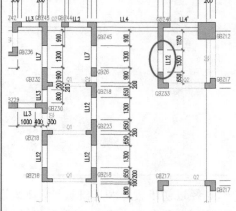

表 7.4　潜在设计变更问题修改反馈表（设计方）

图纸名称	西侧核心筒 13 层平面图 13 层顶梁配筋平面图	模型名称	62 号院科研楼_DD_ARCH_F13 62 号院科研楼_CD_STRU_F13
问题位置	轴(G)(6-7)	涉及专业	建筑、结构
问题描述	建筑图纸中电梯井外墙体留洞穿梁（附近位置有相同问题）		
BIM 验证	建筑图纸已修改，模型已按照梁下留洞修改		
问题截图			

续表

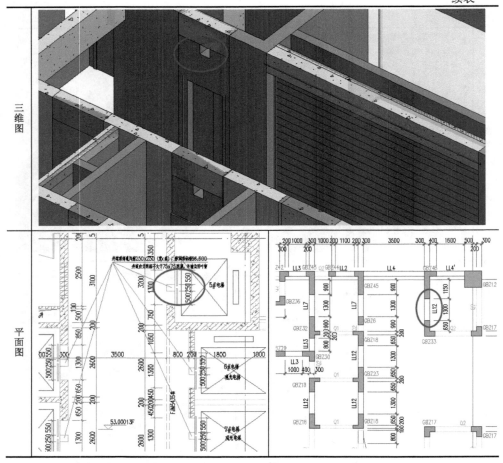

经过初步设计和详细设计，建筑设计院将 BIM 设计模型和施工图纸交给该集团施工总承包事业部。在整个设计过程中，建筑设计院总计发现并且修正了 99 处潜在设计变更，其中建筑专业和结构专业发现和修正的潜在设计变更如表 7.5 所示，机电专业、给排水专业和暖通空调专业发现和修正的潜在设计变更如表 7.6 所示。

表 7.5　建筑专业和结构专业发现和修正的潜在设计变更统计

楼层	幕墙问题	建筑专业问题	建筑结构碰撞问题	数量
B1		1	9	10
B2		3	9	12
B3			3	3
F1	2		1	3

续表

楼层	幕墙问题	建筑专业问题	建筑结构碰撞问题	数量
F2			2	2
F4	1			1
F6			5	5
F7			1	1
F8			3	3
F9			1	1
F11			1	1
屋顶	1		3	4
合计	4	4	38	46

表 7.6　机电专业、给排水专业和暖通空调专业发现和修正的潜在设计变更统计

楼层	净高问题	与建筑结构的碰撞问题	其他问题	数量
B3	14			14
B2	9		1	10
B1		7	1	8
F1～F4		7		7
F5～F9		9		9
F10～屋顶		5		5
合计	23	28	2	53

7.1.4　施工方消除设计变更

　　因为该集团的施工总承包事业部由总公司负责绩效考核，所以其有动力扩大本部门的业绩。面对房地产公司针对施工方提出的资金补偿规则，即针对施工方上报的每个有效潜在设计变更，给予施工方一份固定补偿金 3293.01 元，施工总承包事业部按照从国外 IPD 案例中提炼的施工阶段协同工作流程展开从 BIM 设计模型和施工图纸中挖掘潜在设计变更的工作。作为施工方的施工总承包事业部，首先组织各分包方检查 BIM 设计模型和施工图纸，并将发现的潜在设计变更问题制作成潜在设计变更问题描述表。例如，如表 7.7 所示，施工总承包事业部将涉及建筑专业和机电专业的"预留洞口过小，不能满足弱电桥架双层通过"问题制作成潜在设计变更问题描述表。然后，在例行工作会议上，施工总承包事业部将其发现的全部潜在设计变更问题上报给房地产公司和建筑设计院进行讨论。经过对 BIM 模型的现场分析，确定为有效的潜在设计变更，交由建筑设计院会后修正。最后，建筑设计院修正施工总承包事业部发现的有效潜在设计变更，并在下一次工作会议上确认这些问题已被修正。例如，针对"预留洞口过小，不能满足弱电

桥架双层通过"问题,建筑设计院对 BIM 模型和施工图纸分别进行了修正,并制作了潜在设计变更问题修改反馈表,如表 7.8 所示。

表 7.7　潜在设计变更问题描述表(施工方)

图纸名称	七层平面图 七层电力平面图	模型名称	62 号院科研楼_CD_STRU_F7 62 号院科研楼_CD_MEP_F7
问题位置	轴(H-G)(4-5)	涉及专业	建筑、机电
问题描述	预留洞口过小,不能满足弱电桥架双层通过		
问题截图			

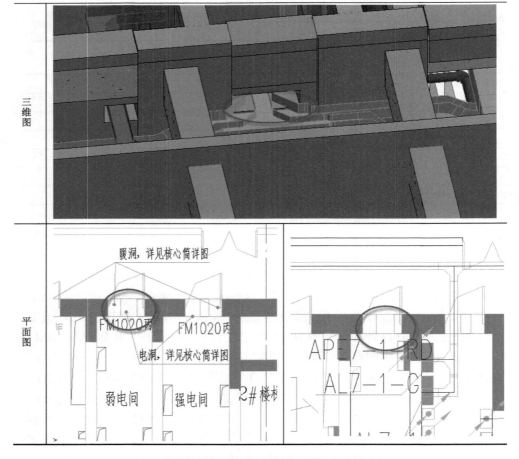

三维图

平面图

表 7.8　潜在设计变更问题修改反馈表(施工方)

图纸名称	七层平面图 七层电力平面图	模型名称	62 号院科研楼_CD_STRU_F7 62 号院科研楼_CD_MEP_F7
问题位置	轴(H-G)(4-5)	涉及专业	建筑、机电

问题描述	预留洞口过小，不能满足弱电桥架双层通过
设计方意见	BIM 已调整模型

问题截图

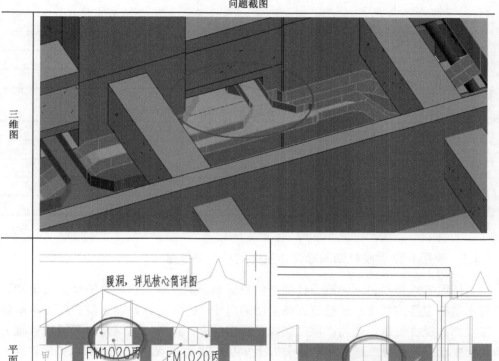

三维图

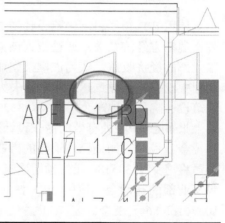

平面图

在整个施工过程中，施工总承包事业部总计发现并上报了 98 处有效的潜在设计变更，其中针对该综合科研楼地上部分的潜在设计变更如表 7.9 所示，针对该综合科研楼地下部分的潜在设计变更如表 7.10 所示。

表 7.9　综合科研楼地上部分的潜在设计变更统计

楼层	建筑与结构碰撞	机电与结构碰撞	净高问题	数量
F1			1	1
F2	2	5	3	10

楼层	建筑与结构碰撞	机电与结构碰撞	净高问题	数量
F3	1	4		5
F4	2	7	2	11
F5	1		2	3
F13	1	7	1	9
屋顶	1	3	1	5
合计	8	26	10	44

表 7.10　综合科研楼地下部分的潜在设计变更统计

楼层	建筑与结构碰撞	机电与结构碰撞	净高问题	数量
B1	2	10		12
B2	6	13	9	28
B3	7	6	1	14
合计	15	29	10	54

7.1.5　使用 IPD 激励机制消除设计变更的总经济效益

使用 IPD 激励机制消除设计变更的目标是帮助建筑工程项目的全部关键参与方实现多方经济共赢。通过检查该集团的房地产公司、建筑设计院和施工总承包事业部的经济收益，认为该框架完成了预期目标。首先，该综合科研楼项目施工过程中没有发生导致建造成本损失大于 94085.98 元的设计变更，所以按照约定，建筑设计院从房地产公司获得 436299.16 元补偿金。然后，因为施工总承包事业部上报了总计 98 处有效的潜在设计变更，所以它从房地产公司获得 322714.98 元补偿金。最后，如果已被消除的潜在设计变更全部发生在施工阶段，那么房地产公司将遭受 11335180 元的预期建筑成本损失；除去支付给建筑设计院和施工总承包事业部的补偿金，使用 IPD 激励机制消除设计变更为房地产公司实际节约了10576165.86 元资金。表 7.11 总结了消除设计变更的预估成本及项目各关键参与方的经济收益。

表 7.11　消除设计变更的预估成本及项目各关键参与方经济收益

编号	项目	资金/元
1	建筑与结构专业设计变更预估成本节约	2594860.00
2	机电专业设计变更预估成本节约	5484000.00
3	给排水与暖通专业设计变更预估成本节约	3256320.00
4	预估成本节约总额	11335180.00
5	建筑设计院经济收益	436299.16

编号	项目	资金/元
6	施工总承包事业部经济收益	322714.98
7	房地产公司经济收益	10576165.86

7.2　基于 BIM 的 IPD 协同工作平台应用案例

为验证开发的基于 BIM 的 IPD 协同工作平台,最理想的方法是将该平台应用于实际的 IPD 项目,并评估其应用结果。但是,该方法会耗时较长,同时要找到实际的 IPD 项目也比较困难。为解决这一问题,笔者选择了一个已完成的采用了一些 IPD 原则和方法的项目作为示范项目对平台进行了应用。

7.2.1　项目概况

应用该基于 BIM 的 IPD 协同工作平台选用的项目与 7.2 节中验证 IPD 激励机制选用的项目为同一项目。需要指出的是,在该项目实施期间,基于 BIM 的 IPD 协同工作平台尚未完成开发,故平台的应用是在项目结束之后利用项目积累的已有数据来完成的。另外,如前文所述,该项目已经采用了 IPD 模式的一些原则、方法和工作流程,各关键参与方,尤其是总包方,在初步设计阶段就已开始初步参与设计过程中,在施工图设计阶段深度参与到设计中。因此,项目实施过程中积累的数据满足平台应用的要求,同时项目的参与人员对 IPD 模式有较深的认识,能够对平台的应用效果进行客观的评价。

7.2.2　项目信息收集与处理

在平台的应用过程中,笔者尽可能全面地收集该项目产出的信息,主要包括从规划、设计、分析计算提交物,评审会上的意见、变更单。在 IPD 项目中,由于各方同步工作,信息粒度更小且信息传递更加频繁,因此为模拟 IPD 项目,在案例项目参与方的协助下,将收集到的提交物分解至更小的粒度,并建立了其之间的关系。评审意见、变更单均被视作 IPD 项目中触发修改的有效评审意见。

7.2.3　应用过程

基于收集与调整的信息,笔者组织案例项目参与方利用原型系统模拟实施 IPD 项目协同,系统用户界面由三部分组成,分别为标题栏、菜单栏和主界面,如图 7.2 所示。根据前文建立的 IPD 协同工作过程标准流程,该模拟在以下典型场景中实施,包括定义提交物类型(本体编辑)、制订协同工作计划、执行协同工作计划、评审提交物、新建评审意见表、根据有效评审意见制订新一轮设计迭代的协同工作计划、浏览版本内部/之间提交物关系、同步浏览 BIM 模型等。下面按照典型的工作流程介绍系统应用情况。

图 7.2　用户界面构成

如图 7.3 所示，作为基础，IPD 项目协调员将定义各实施小组的文件夹，如建筑设计方、结构设计方等。各实施小组组长在各自的文件夹内定义文件夹、提交物类型、提交物之间的依赖关系、提交物包含的类、提交物依赖的类、创建该类提交物的备选人/预估时间、评审该类提交物的实施小组。对提交物包含类与依赖类的定义可在修改传递的细化中发挥作用。在图中，能耗计算报告依赖提交物"建筑模型"与"暖通模型"，同时依赖"建筑模型"包含的"外墙类""外窗类"等，以及依赖"暖通模型"包含的"能源供给类""制热系统类"等。能耗计算报告不包含任何类。在这里，定义提交物类型本质上是对本体的编辑，为便于用户理解，本功能取名为"定义提交物类型"。

在定义的提交物类型的基础上，IPD 项目协调员开始制订协同工作计划。为便于管理，可以定义一系列项目阶段，用来分别管理不同阶段的计划，如概念设计、初步设计等。作为制订计划的第一步，用户首先录入协同工作计划的基本信息，如图 7.4 所示。对于计划结束时间与计划持续时间，系统将根据计划制订情况自动计算得出。

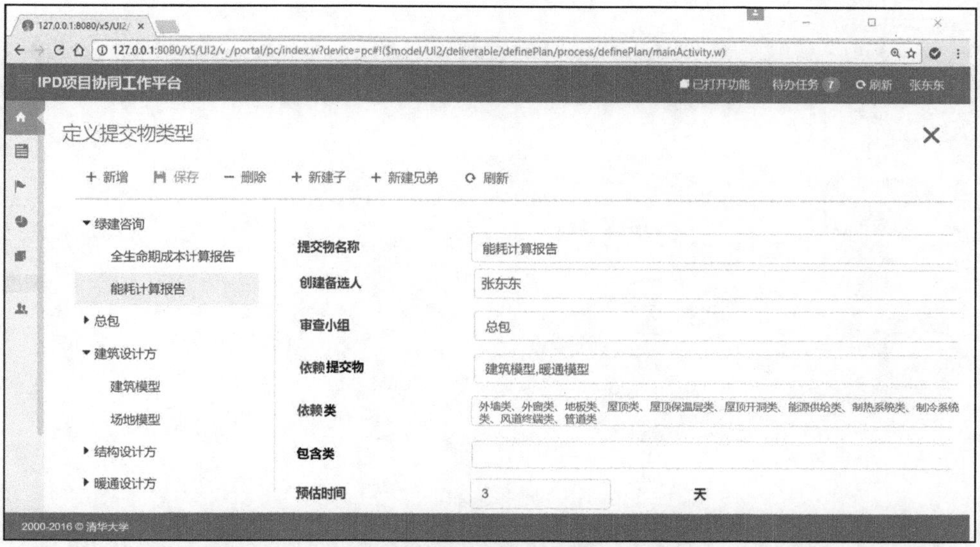

图 7.3　定义提交物类型

图 7.4　制订协同工作计划（录入基本信息）

　　用户录入计划制订的依据，即选择要落实的评审意见表，如图 7.5 所示。由于当前制订的协同工作计划属于第一轮设计迭代，不需要落实的评审意见表，因此此处为空。新版本由系统生成，旧版本为评审意见表对应的版本，此处为空。

图 7.5　制订协同工作计划（录入计划制订依据）

用户录入提交物相关的规定，在这里只需指定要新建的提交物即可，如图 7.6 所示，系统自动计算出剩余三类提交物。由于没有评审意见要落实，因此评审意见对应提交物与修改传递影响提交物均为空，而系统计算出的新建"暖通模型"需要补充新建的提交物为"场地模型"与"建筑模型"。

图 7.6　制订协同工作计划（提交物规定）

IPD 项目协调员录入上述信息后，单击"生成计划"按钮，系统自动计算出初步设计第一轮设计迭代包含的任务、任务执行顺序及任务起止时间，如图 7.7 所示。平台以淡蓝色标识出计划关键路径上的任务，用户可以修改关键路径上各任务的开始/结束时间、持续时间，系统将自动改变计划时长与计划结束时间。

图 7.7　协同工作计划包含的任务

IPD 项目协调员选择已制订的协同工作计划并启动，如图 7.8 所示。

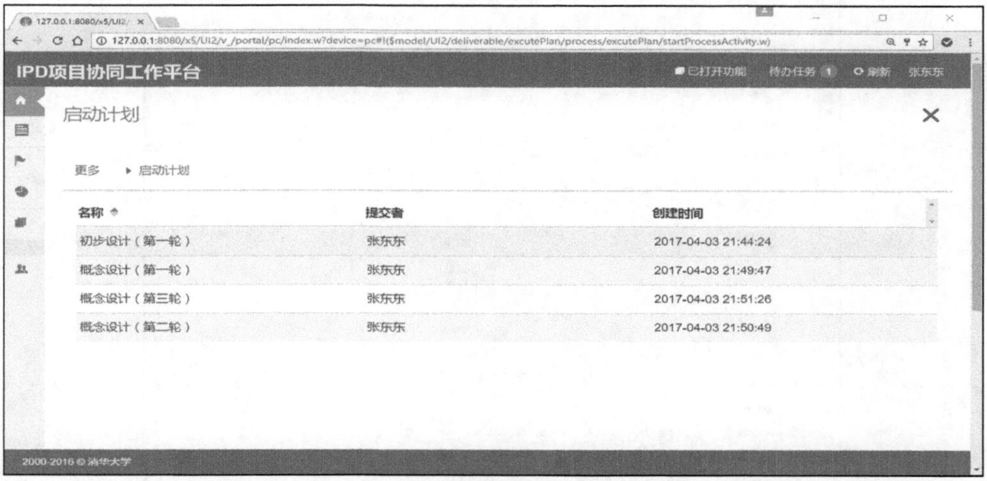

图 7.8　启动协同工作计划

协同工作计划开始执行，各任务执行人被推送任务，如图 7.9 所示。

图 7.9　用户首页（被推送任务）

　　用户执行新建提交物任务，如图 7.10 所示，即"新建暖通模型 V84"，系统自动推送执行该任务输入提交物，即"建筑模型 V84"。用户下载任务输入提交物后，上传任务输出提交物包含的文件。若用户上传的是 BIM 模型，则平台会自动解析 BIM 模型包含的内容要素，包括区域、楼层、建筑实体类。

图 7.10　执行新建提交物任务

用户在执行任务时可以浏览协同工作计划的执行情况，即了解哪些任务已完成、正在执行与尚未执行，如图 7.11 所示。系统随着计划执行情况的变化调整计划。调整后，受影响的任务执行人会收到通知；相应地，协同工作计划及其执行情况也自动发生变化。

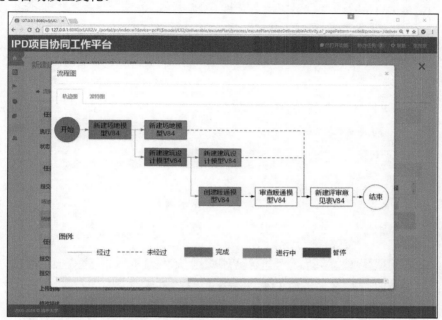

图 7.11　协同工作计划执行情况轨迹

提交物新建/修改完成后，会推送至相关方进行评审。如图 7.12 所示，评审方收到建筑设计方上传的"建筑模型 V84"后，对其进行下载与评审，评审完毕后针对"能耗"与"功能"录入两项评审意见。录入评审意见时，用户可单击"关联 BIM 构件"列下的"选择"按钮，启动 BIM 浏览器，并选择 BIM 构件作为该评审意见的定位点，以方便其他用户浏览该评审意见时及时定位到相关位置；用户还可选择评审意见针对的、被评审提交物包含的"内容要素"。例如，图 7.12 中第一条评审意见的"关联内容要素"为"外墙"，录入的"关联内容要素"不仅可以帮助评审意见的浏览人员理解其意思，同时还在 6.3.1 节所述的"修改传递的细化"中发挥作用，即该评审意见只影响依赖该内容要素的提交物。

协同工作计划最后一个任务为"新建评意见表 V84"（图 7.11）。如图 7.13 所示，IPD 项目协调员新建评审意见表，从该轮设计迭代中新产生的评审意见中筛选出有效评审意见，如图 7.14 所示。需要指出的是，当多个评审意见都有价值时，可相应地建立多个评审意见表，进而驱动两个并行的后续设计方案，并在后续的设计迭代中进行落实并比选。如图 7.14 所示，同样是为降低能耗，"评审意见表 A"

包含的有效评审意见为"建议换用能效比更高的空调",而"评审意见表B"包含的有效评审意见为"建议换用隔热性能更好的幕墙玻璃"。

图 7.12　执行评审提交物任务

图 7.13　执行新建评审意见表任务

图 7.14　筛选评审意见

在初步设计第一轮设计迭代完成后，IPD 项目协调员开始制订第二轮协同工作计划，如图 7.15 所示。与图 7.4 所述制订第一轮计划不同，IPD 项目协调员需

图 7.15　建立新一轮设计迭代的协同工作计划

选择要落实的评审意见表，即“第一轮评审意见表 A”，其对应的旧版本为“V84”。IPD 项目协调员选择在第二轮计划中要新建的提交物，即“全生命期成本计算报告”“土建成本计算报告”，平台自动计算并补充其他三类提交物。制订的新一轮协同工作计划包含的任务如图 7.16 所示。

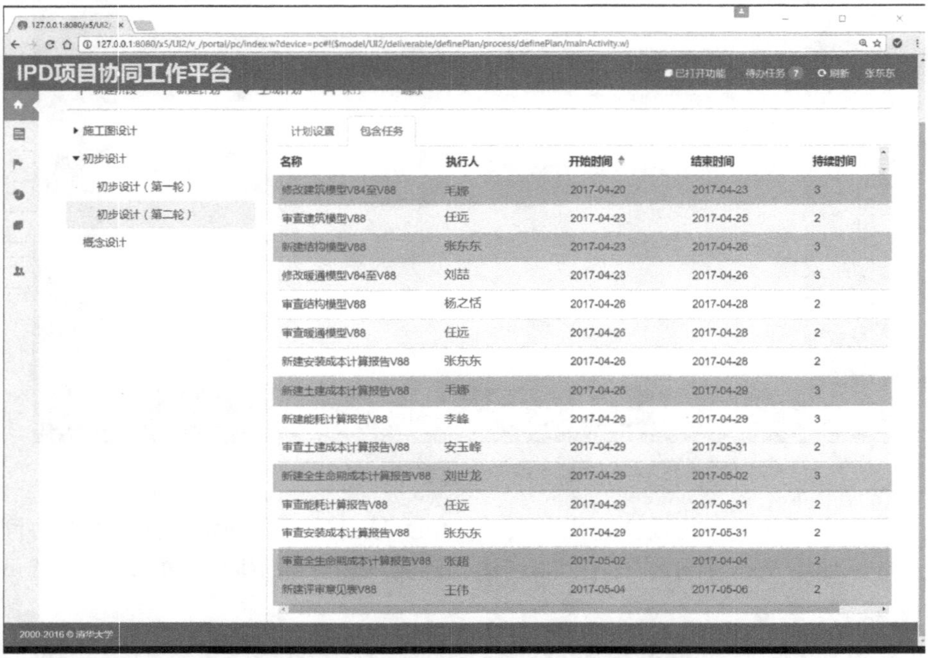

名称	执行人	开始时间	结束时间	持续时间
修改建筑模型V84至V88	毛娜	2017-04-20	2017-04-23	3
审查建筑模型V88	任远	2017-04-23	2017-04-25	2
新建结构模型V88	张东东	2017-04-23	2017-04-26	3
修改暖通模型V84至V88	刘喆	2017-04-23	2017-04-26	3
审查结构模型V88	杨之恬	2017-04-26	2017-04-28	2
审查暖通模型V88	任远	2017-04-26	2017-04-28	2
新建安装成本计算报告V88	张东东	2017-04-26	2017-04-28	2
新建土建成本计算报告V88	毛娜	2017-04-26	2017-04-29	3
新建能耗计算报告V88	李峰	2017-04-26	2017-04-29	3
审查土建成本计算报告V88	安玉峰	2017-04-29	2017-05-31	2
新建全生命期成本计算报告V88	刘世龙	2017-04-29	2017-05-02	3
审查能耗计算报告V88	任远	2017-04-29	2017-05-31	2
审查安装成本计算报告V88	张东东	2017-04-29	2017-05-31	2
审查全生命期成本计算报告V88	张超	2017-05-02	2017-04-04	2
新建评审意见表V88	王伟	2017-05-04	2017-05-06	2

图 7.16 新一轮计划包含的任务

IPD 项目协调员可启动新一轮的协同工作计划。与前一轮计划不同，在本轮计划中存在修改提交物任务，如图 7.17 所示，即“修改建筑模型 V84 至 V88”。区别于执行新建提交物任务，任务执行人需要录入与有效评审意见相对应的修改描述。例如，针对旧版本的建筑设计模型提出的评审意见为“电梯尺寸需进一步增大，以满足功能性需求”。建筑设计人员上传修改后的建筑模型后，需要根据修改所依据的评审意见，录入对修改内容的描述，即“已将荷载 8 人电梯改为荷载 13 人电梯，电梯间尺寸已扩大”。为便于其他人员理解，上传人可通过选择 BIM 模型构件来定位该修改发生的位置。同时，通过选择“修改的内容要素”，指出对应于该条修改描述，提交物包含的哪些内容要素发生了修改。一方面帮助其他用户理解该修改，另一方面支持计划生成与维护过程中修改传递的细化。

用户除可利用传统的文件夹形式查看信息外，还可浏览不同版本之间提交物之间的关系，进而了解设计方案的“进化”过程。如图 7.18 所示，用户首先选择当前的设计方案版本；然后选择其前序版本与后序版本（针对存在并行方案的情况需要选择；若无并行方案，则无须选择，系统自动确定），可以查看 3 个版本的设计方案包含的提交物之间的关系。例如，通过落实"可施工性""成本""能耗"相关的 3 个有效评审意见，"暖通模型 V90"被修改成"暖通模型 V91"。用户可通过单击"评审意见标签"、提交物来查看/获取其详细信息。

图 7.17　执行修改提交物任务

提交物类型	V89	评审意见标签	V90	评审意见标签	V91
全生命期成本计算报告					全生命期成本计算报告V91
结构成本计算报告			结构成本计算报告V90	可施工性	结构成本计算报告V91
安装成本计算报告					安装成本计算报告V91
建筑模型	建筑模型v89	可施工性	建筑设计模型V90		
暖通模型	暖通模型V89	碰撞　能耗	暖通模型V90	可施工性，成本　能耗	暖通模型V91
结构模型			结构设计模型V90		
能耗计算报告			能耗成本计算报告V90	可施工性，成本，碰撞　成本	能耗成本计算报告V91

图 7.18　浏览设计版本间提交物之间的关系

　　此外，用户还可以浏览同一版本设计方案内部各提交物之间的关系，如图 7.19 所示。

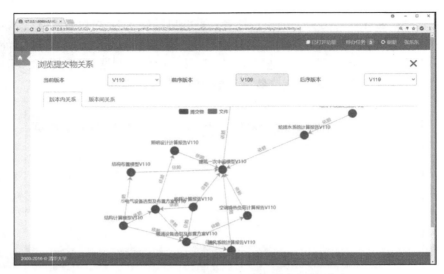

图 7.19　浏览设计版本内部提交物之间的关系

用户可以以图形化的方式定义 SPARQL 搜索，对数据进行复杂查询，具体过程 6.2.6 节中已详细描述，此处不再重复。

视频会议支持 IPD 项目人员在异地进行线上讨论。市场上的视频会议系统已非常成熟，故本协同工作平台不再提供相关功能，仅提供 BIM 模型同步浏览功能，如图 7.20 所示，配合视频会议系统支持多人线上讨论。通过单击模型右上方按钮，

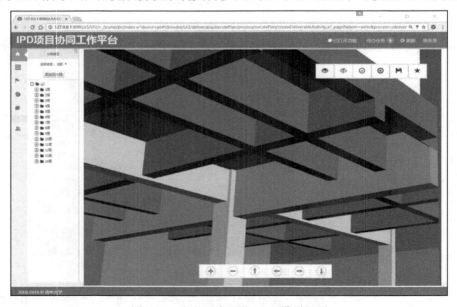

图 7.20　多方同步浏览 BIM 模型界面

用户可以控制同步浏览 BIM 模型、跟随同步浏览 BIM 模型、独立浏览模型、针对 BIM 构件录入评审意见、查看所有已录入评审意见等。

7.2.4　应用评价

基于以上应用场景，项目各参与方负责人对系统进行了应用，对本协同工作平台的评价如下：

1）大多数 IPD 项目的日常协同工作利用该平台可以在线实施。大屋可以被替代，但是当讨论复杂与重要的问题时，依然需要召开会议。

2）该平台显著简化了协同工作计划的创建与修改工作，制订出的协同工作计划具有较高的质量，具体体现为充分考虑了影响计划制订的因素，包括当前计划的执行状态及意见的落实。

3）信息的推送是准确而高效的，用户无须主动寻找所需信息，这使协同变得很容易。

4）评审意见的创建、评价、实施是可控的，可以被很清晰地追溯。

5）设计版本的管理是有序的，信息之间的不一致几乎完全被杜绝。

6）在设计方案版本内部/之间关系浏览功能的帮助下，历史信息的追溯与检索很容易。

7）同步浏览 BIM 模型功能与视频会议结合，提高了基于 BIM 模型进行讨论的效率，同时减化了评审意见录入工作。

综上，本验证表明该基于 BIM 的 IPD 协同工作平台较好地支持了在线实施 IPD 项目协同工作。

7.3　IPD 模式下 BIM 技术应用案例

本案例对应的项目为中国建筑技术中心综合实验楼工程。中国建筑技术中心综合实验楼因其投资、设计、施工和运维"四位一体"的特色，同时涉及反力墙、板试验系统等复杂工艺，探索性地采用了 IPD 交付模式，使用 BIM 技术支持各参与方早期参与设计。BIM 技术作为 IPD 项目的重要技术支撑之一，对多参与方早期协同完成设计至关重要，本案例介绍在 IPD 模式下 BIM 技术的实际应用。

7.3.1　项目概况

中国建筑技术中心综合实验楼工程是遵照中建集团"一最两跨"的战略目标，紧密围绕企业科技发展的总体规划，集结构试验研发和绿色建筑产品展示为一体的科技研发实验综合楼，如图 7.21 所示。项目位于北京市顺义区林河开发区林河大街，工程总用地面积 52572.47m²，总建筑面积 52273.09m²，其中地上建筑面积

42134.35m²，地下建筑面积 10138.74m²，容积率为 1.25。工程建设从 2012 年开始动工，2014 年投入使用。

图 7.21 中国建筑技术中心综合实验楼效果图

实验楼工程是一个典型的投资、设计、施工和运维"四位一体"工程，具有良好的代表性。虽然该工程并不十分复杂，但是作为未来国际一流的大型结构实验室，采取研发与建设同步的策略，量身打造万吨级多功能结构试验机和 25.5m 高反力墙等国际一流试验设施，增加了工程难度。

7.3.2 BIM 应用策划

为顺利推进 BIM 技术示范应用，真正实现 BIM 模型数据的无缝连接，项目团队充分发挥中建集团"四位一体"的优势，组建由建设方、设计方、施工方和运维方共同参加的 BIM 团队，探索 IPD 的落地应用模式。可以说，本工程是我国第一例 IPD 模式实践。实施团队制定统一的 BIM 标准，并对上下游各环节进行需求分析，分专业、分系统建立 BIM 模型，精准执行、协同管理。

为保证 BIM 技术高效应用，项目组制定了 BIM 技术应用的总体规划，通过 BIM 技术应用规则（标准）、执行计划，相关制度、措施、资源等，保障项目顺利实施。

1）工程实施前，制定统一的 BIM 模型组织规则。为保证 BIM 模型的完整性与准确性，由设计方——中国中建设计集团有限公司（以下简称中建设计集团）牵头制定项目模型组织规则。模型组织规则的制定保证了企业 BIM 模型资源能够长期被规模化使用，降低了工程人员使用 BIM 模型的难度，增加了企业 BIM 模型资源的应用价值。

2）组建建设方、设计方和施工方全员参与的 BIM 团队，并详细制订了 BIM 技术应用计划。以往设计 BIM 模型没有考虑施工需求，施工方承接的 BIM 模型需要大量修改才能应用，甚至需要重新建模。本项目设计方和施工方从一开始就在一起工作，最大限度地避免重复建模所花费的时间，有效减少了质量风险，精确地控制了 BIM 模型质量。

3）建设方全程参与、监督模型创建和应用。技术中心作为建设方代表，全程参与 BIM 模型创建和应用。在监督建模工作的过程中，保证模型的质量，也为后期基于模型的运营维护打下了基础。

4）全面应用 BIM 软件、硬件工具，积累应用技术和经验。作为总公司重点 BIM 示范工程之一，项目组应用众多 BIM 软件和施工硬件设备，并详细规划了各个软件之间的数据集成方案。通过对各种软件使用比较，以及数据集成的实施，为下一步提高中建集团的 BIM 应用水平做出了有益的尝试。项目中应用的 BIM 软件包括概念设计软件（SketchUp、Civil3D、AIM）、专业设计软件（Revit、AutoCAD）、专业分析软件（CFD、VASARI、IES、Ecotect）和表现与展示软件（3DSMAX、Showcase、Navisworks、Lumion）。BIM 软件之间的数据集成和交换如图 7.22 所示。

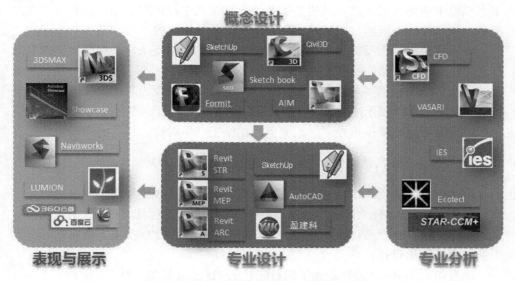

图 7.22　BIM 软件之间的数据集成和交换

BIM 应用中最大的技术优势在于信息在不同专业、不同阶段的无损传递，但是在实际工程中往往是各个阶段各行其道，分别建立自己的 BIM 模型，使简单的重复工作大量增加。项目组认真分析了原因，找到并解决了各阶段对模型深度要求不一致的问题。项目组建立起 BIM 规则和模型交付标准，以期满足设计、施工、运维不同阶段基于同一个 BIM 模型的信息贯通。通过对项目各项标准不断总结、提高，未来可以在中建其他项目中推广应用 BIM 技术，为企业级标准制定打下基础。

为保证 BIM 技术示范工程的顺利开展，中国建筑技术中心先后组织了 5 次由项目部、中建设计集团直营总部、中建二局三公司等项目主要承担单位参加的 BIM 协调会。

在协调会上，针对如何进一步加强设计、施工一体化，以及围绕如何建立切实有效的示范工程组织、协调、沟通机制等问题展开深入讨论。通过协调会议，项目组及时总结阶段成果和实际工作中遇到的问题，不断调整、优化技术和组织方案。

7.3.3　IPD 模式探索应用

在本项目中，为保证 BIM 模型的完整性与准确性，由设计方中建设计集团牵头制定项目模型组织规则，建设方全程参与、监督模型创建和应用。项目团队详细制订了 BIM 技术应用计划。以往设计 BIM 模型没有考虑施工需求，施工方承接的 BIM 模型需要大量修改才能应用，甚至需要重新建模。本项目设计方和施工方从一开始就在一起工作，精确地控制了 BIM 模型质量，各参与方的贡献在建筑信息模型中明确体现，有效地避免了传统交付模式中经常困扰设计方和施工方之间的知识产权纠纷问题，同时最大限度地避免了重复建模。

本工程的核心为反力墙、板试验系统，其内部构造复杂，精度等级要求非常高。为了确保反力墙、板施工质量，从施工方案策划开始，利用 BIM 可视化技术进行了反力墙、板模型的建立及其内部构造的细化，将反力墙内部构造、模板支撑体系等重要部件展示出来，为方案论证提供了统一平台。各专家利用 BIM 模型进行方案分析时，减少思维误区，避免后期施工产生纠纷。

1. 支持参与方高效协作

借助于 BIM 平台辅助，IPD 项目参与方之间能够实现超越传统意义的协同工作。使用 BIM 技术建立的建筑信息模型不但能够以 2D 而且能以 3D 的形式向参与方展示建筑设计产品，直观的 3D 建筑模型可以帮助 IPD 参与方更有效地交流专业问题，优化设计。

项目组利用 Revit 软件创建了项目完整的 3D BIM 模型（建筑、结构、设备），集成了建筑工程项目各种相关信息，形成了项目 BIM 技术应用必要的核心文件。在规划阶段，利用 BIM 模型对场地周边环境、建筑体量进行模拟分析：通过风环境分析，为试验楼空气品质改善、火灾安全控制与决策、建筑节能规划、室内热湿环境优化，以及后期绿色建筑评价打下基础；在试验大厅采光分析中，详细对比了无天窗方案和有天窗方案，通过有天窗方案设计，使采光系数提高了 30%，达到了 90.35%；利用 BIM 模型对实验大厅各设备工作时发出的噪声进行声环境模拟，优化噪声对办公区的影响；对场地内景观、照明、绿化进行虚拟现实演示，直观反映场地内道路、绿化情况；通过 BIM 模型对场地内各系统市政管线的精准定位，解决了总图管网综合问题。

本项目通过应用清华大学开发的"基于 BIM 的工程项目 4D 施工动态管理系统"（简称 4D-BIM 系统），将实验楼和施工现场的 3D 模型与施工进度、资源及场地布置等施工信息相集成，建立基于 IFC 标准的 4D-BIM 模型。在此基础上，项目各参与方合理制订施工计划，科学地掌握施工进度，优化使用施工资源，合理地进行场地布置，对整个工程进度、资源和质量进行统一管理和控制，以缩短工期、降低成本、提高质量。

项目组根据项目实际情况，基于完整的项目 BIM 模型及 Navisworks 分析工具，自定义了碰撞规则，进行了全面的专业协调和错漏碰撞检测，以多种方式输出了碰撞报告，精确描述碰撞的构件、位置等信息，提前预警了结构、暖通、消防、给排水、电气桥架等不同专业在空间上的碰撞冲突。其中，试验楼地下一层机电管线的碰撞及优化工作中就解决了 1200 多个碰撞点。通过碰撞信息，提前发现设计方案中存在的问题，辅助了设计优化。专业协调及错漏碰缺检测使得问题的发现、讨论、修改和验证过程的周期大幅缩短，同时减少了施工阶段可能存在的返工风险。

2. BIM 支持技术应用

本项目通过研究预制构件的数字化精益施工技术，将基于射频识别（radio frequency identification，RFID）的物联网技术，以及全站仪、机器人放样设备、三维扫描、三维打印等辅助工程设备、相关软件应用到项目中。一方面，将 BIM 模型带到工地，指导施工；另一方面，把施工过程的数据返回模型，不断地修正、完善 BIM 模型，最终实现施工过程的数字化和智能化。

项目组通过相关设备完成外挂墙板的三维扫描，并形成施工现场的三维点云模型，导入 BIM 模型，完成了外挂墙板平整度分析和外挂墙板色差分析；通过建立幕墙系统模型，与主体结构支撑钢结构模型进行了校核，验证了幕墙设计，并为指导单元构件加工和现场安装打下了基础。

通过 BIM 模型的建立，解决了构件形式多样的难题，做到了在计算机内模拟预拼装，解决了生产、安装的进度和精度问题。施工人员利用 BIM 模型，制造的幕墙成品误差能控制在 1mm 以内，而在安装过程中将现场测量的数据输入系统与理论数据相比对，通过实际模型与设计模型的对比分析，实现了精确安装。

3. BIM 营造工作环境

BIM 技术为 IPD 搭建的信息集成平台促进了项目参与各方的沟通与交流，促使项目团队的工作更加便捷；项目目标的清晰定义使得参与方之间的工作任务划分合理，有效地减少了各方之间的法律纠纷，使得团队内部坦诚交流且互相尊重和信任，营造了和谐的组织氛围。

在本项目的协调会上，针对如何进一步加强设计、施工一体化，以及围绕如何建立切实有效的示范工程组织、协调、沟通机制等问题展开深入讨论。通过各方坦诚的交流，项目组及时总结阶段成果和实际工作中遇到的问题，不断调整、优化技术和组织方案。

7.3.4 反力墙、板试验系统施工精准控制

本工程的核心为巨型反力墙、板试验系统，其内部构造复杂，精度等级要求非常高。为了确保反力墙、板施工质量，从施工方案策划开始，利用 BIM 可视化技术建立了反力墙、板模型，在模型的基础上进行了反力墙、板内部构造的细化。

由于反力墙、板试验系统的构件非常少见，没有可以借鉴的经验，因此使用 BIM 模型将反力墙板内部构造、模板支撑体系等重要部件展示出来，为方案论证提供了统一平台。在组织专家进行方案分析时，减少了思维误区，对支撑体系变形、模板安装精度控制、加载孔制作精度控制、加载孔安装流程等方面进行重点分析及优化，为施工的顺利实施做好准备。

1. 反力墙预应力钢筋定位

反力墙内设 570 束预应力钢绞线，项目组使用 BIM 模型模拟反力墙内竖向钢筋、水平钢筋、加载孔及固定钢架的分布情况，确定了施工缝的留设位置，对预应力钢绞线进行空间布置，并精确定位。

2. 反力墙、板加载孔定位

反力墙内设 4858 个加载孔，反力板内设 8652 个加载孔，墙面与地面的加载孔中心线要重合。项目组使用 BIM 技术模拟反力墙、反力板内竖向及水平钢筋、预应力钢筋的分布情况、施工缝的留设位置，精确定位加载孔的安装位置。

如果没有 BIM 三维模型技术，仅使用平面表现手法，那么如此复杂的工艺、工序难以准确确定，信息无法准确、完整、全面地传达到施工各个作业层。

在反力墙、板试验系统施工中，项目组使用机器人放样进行反力墙、反力板施工安装精度控制，提高了施工效率，解决了高空作业施工精度控制难题，如图 7.23 所示。

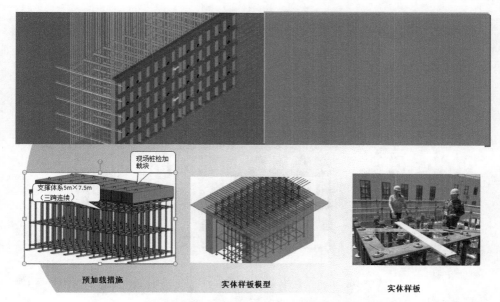

图 7.23　利用 BIM 技术对反力墙预应力钢筋及加载孔进行定位

7.3.5　精益施工 BIM 技术应用

项目组以敏捷供应链理论和精益建造思想为指导,把建筑行业业务运作最基本的业务单元"项目"作为切入点,从供应链优化管理的角度将项目参与各方纳入统一的平台,将关键环节(浇筑、质检、入库、出库、运输、卸货、堆放、吊装、安装、施工质检、运维)的核心要素(预制构件的状态)放在统一的平台上协同运转(图 7.24),建立以 BIM 模型为核心,集成虚拟建造、智能制造、物联网、云服务、远程监控等技术和相关辅助工程设备的数字化精益建造平台(图 7.25),实现对整个建筑供应链的管理,达到整个项目业务流程最优、周期最短、成本最低、库存最小、资金周转更快及各企业价值最大化的目标。

图 7.24　精益建造集成方案

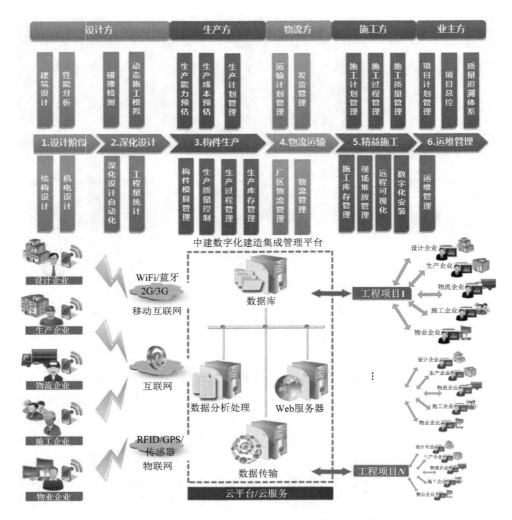

图 7.25　预制构件数字化精益建造平台技术框架

　　项目设计方、生产方、物流方、施工方、业主方通过预制构件数字化精益建造平台实时监测不同阶段的工作进展情况。在项目实施过程中，实现构件规格、型号与模型中的信息对应，生产日期、安装进度信息与施工进度计划对应，预先发现问题，减少返工率。

　　项目组完成的研发工作包括如下内容：

　　1）在设计阶段，研究外挂墙板复杂节点 Revit 模型的建立方法。

　　2）在生产阶段，研究手持设备、RFID 芯片选型方法，以及 RFID 芯片的固定位置、固定方法和标签方向。

　　3）在施工阶段，对清水混凝土外挂墙板进行施工模拟，如图 7.26 所示。

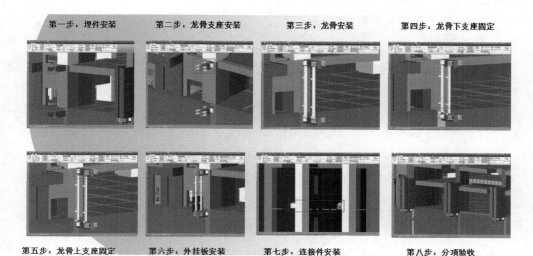

第一步：埋件安装　　第二步：龙骨支座安装　　第三步：龙骨安装　　第四步：龙骨下支座固定

第五步：龙骨上支座固定　　第六步：外挂板安装　　第七步：连接件安装　　第八步：分项验收

图 7.26　清水混凝土外挂墙板施工模拟

4）手机端软件开发，实现工程信息现场直接输入。

5）服务器端软件开发，实现项目多方协同管理，如图 7.27 所示。

项目组通过研究预制构件的数字化精益施工技术，将基于 RFID 的物联网技术，以及全站仪、机器人放样设备、三维扫描、三维打印等辅助工程设备、相关软件应用到项目。一方面，将 BIM 模型带到工地，指导施工；另一方面，再把施工过程的数据返回模型，不断地修正、完善 BIM 模型，最终实现施工过程的数字化、智能化。

项目组通过相关设备，完成外挂墙板的三维扫描，并形成施工现场的三维点云模型，导入 BIM 模型，完成以下分析任务：

1）外挂墙板平整度分析：用不同颜色清晰反映外挂墙板的平整度情况。

2）外挂墙板色差分析：以往清水混凝土的色差分析要靠工程技术人员的现场

图 7.27　数字化精益建造平台手机端和服务器端程序界面示例

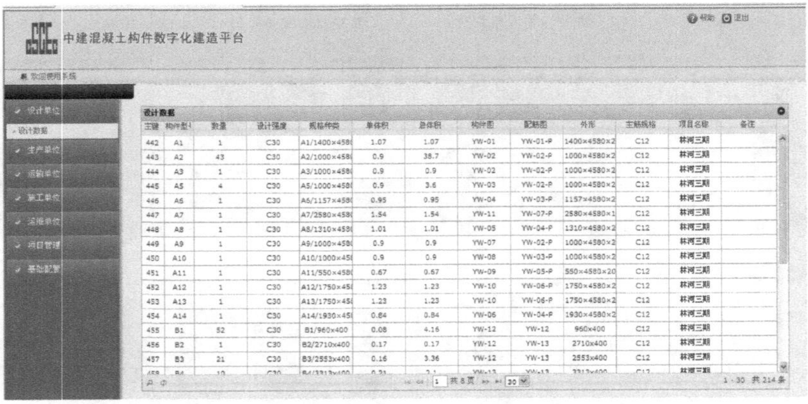

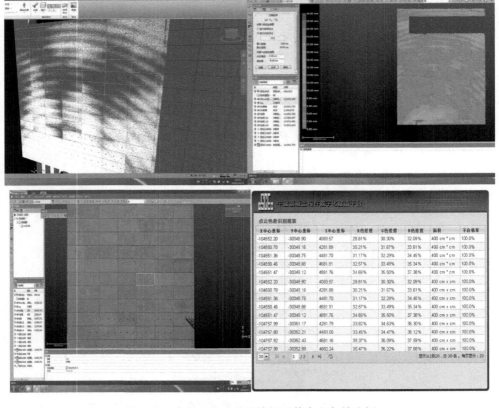

图 7.27（续）

观察，凭工程经验给出色差分析报告。项目组通过开发色差分析软件，通过系统自动生成更加准确、客观的色差分析报告，如图 7.28 所示。

图 7.28　清水混凝土外挂墙板平整度和色差分析

7.3.6 项目 BIM 应用总结

通过中建技术中心实验楼 BIM 示范工程，项目探索出一条 BIM 技术在"规划—设计—施工—运维"全生命期中的实施途径，充分利用相关软件对项目进行全方位的分析与优化，解决了设计和施工过程中 BIM 模型的衔接问题，初步建立了企业级 BIM 技术实施标准，实现了 BIM 技术助力项目进度控制、成本控制、质量控制、安全控制、减少资源浪费的既定目标。

项目总体的效果和效益分析如下：

1）中国建筑技术中心实验楼工程作为我国第一个实现 IPD 模式的 BIM 应用，打造了 BIM 技术"四位一体"应用范例。BIM 技术手段的应用是支持本项目顺利完成的关键，BIM 技术的应用使得 IPD 模式能够更大程度地整合项目多参与方的资源，使各参与方利益趋于一致，最大限度地满足并实现项目的既定目标。借助 BIM 平台，IPD 项目管理通过精心的早期规划，完成信息的高度集成与分享，实现了超越传统意义的协同工作。通过在综合实验楼 IPD 工程深入应用 BIM 技术，探索出一条 BIM 技术在"规划—设计—施工—运维"全生命期中的实施途径，并拓展了 BIM 技术在两化（工业化和信息化）融合中的应用范围。项目的成功为国内 IPD 模式的发展和推广树立了典型，起到了积极的引领作用。

2）通过清水混凝土挂板工程，探索了整合建筑工业化产业链资源的方法，从供应链优化管理的角度最大化地实现了信息流、物流、资金流的统一，以 BIM 模型为核心，集成虚拟建造技术、物联网技术、云服务技术、远程监控技术和辅助工程设备，初步搭建了基于云平台的精益建造管理系统。

3）示范工程在满足项目建设需求的同时，注重分析、研究共性问题，积极探索通用 BIM 软件解决方案和工程人员培养模式，为在中建集团各子企业推广 BIM 技术实践了一套可复制的 BIM 应用方案。

该工程的 BIM 应用是在 2012 年开始的，在当时的软硬件条件下，发现了 BIM 技术应用中仍然存在如下问题：

1）专业软件支持不足。从 BIM 模型到传统的施工图文档还不能达到 100% 的无缝链接，同时国内缺乏基于 Revit 平台开发的专业软件，所以在实际应用中，建议根据项目实际工程需求，阶段性应用或者部分应用 BIM 技术，可以大幅提高工作效率。

在结构设计领域，计算软件无法与 BIM 软件无缝对接，这是目前遇到的最重要的问题。实际应用中，交换信息不完整、信息错位等问题还很多，主流 BIM 软件与结构类软件还不能实现精准数据双向互导。

2）对硬件配置要求高。BIM 软件运行时对硬件配置要求比较高，尽管工作组的计算机配置已经很高，但是在后期各专业模型与信息汇总时，读取中心文件经常要等很久，其中有计算机硬件的问题，也有软件本身内核的问题，要成功普及、推广 BIM 系统，上述问题需要妥善解决。

本 章 小 结

本章通过三个案例，从 IPD 激励机制的验证、基于 BIM 的 IPD 协同工作平台模拟应用及 IPD 模式下 BIM 技术应用 3 个角度对 IPD 模式的应用进行了介绍，一方面是对前文所做相关研究的验证和补充，另一方面能够为我国建筑工程今后实施 IPD 模式提供借鉴。

参 考 文 献

[1] 马健坤. IPD 用于我国建筑工程的激励机制及协同平台需求研究[D]. 北京：清华大学，2015.
[2] 张东东. 基于 BIM 与关联数据的 IPD 项目协同工作平台研究[D]. 北京：清华大学，2017.

第 8 章 "互联网+"环境下 IPD 发展展望

自 2015 年起,"互联网+"的概念开始出现在人们的视野中。它是把互联网的创新成果与经济社会各领域深度融合,推动技术进步、效率提升和组织变革,提升实体经济创新力和生产力,促使形成更广泛的、以互联网为基础设施和创新要素的经济社会发展新形态。在其发展过程中,数据不断被产生、传递、挖掘和利用,并以这种方式提升效率、推进变革。"互联网+"现已与各行各业广泛融合,将其与工程项目交付和管理融合也是未来发展的必然趋势。

IPD 模式通过组建一支由主要参与方组成的利益共享、风险共担的项目团队,使所有参与方的利益与项目整体目标一致,保证跨专业、跨职能的合作。IPD 模式打破了传统模式的局限性,具有先进性。在 IPD 项目中,各个参与方需要高度协同合作,相较于传统模式而言,各方的信息交流更为频繁,对于交流的效率要求也就更高,而"互联网+"相关技术恰恰可以为 IPD 协同工作提供支持。

本章首先对"互联网+"的相关技术做简要介绍;然后分析"互联网+"相关理念和技术完善 IPD 模式的各关键要素;最后进一步演进出"互联网+"环境下的项目管理新模式(以下简称新模式),以此作为 IPD 模式在我国"互联网+"环境下的发展展望[1]。

8.1 "互联网+"及其相关技术

8.1.1 "互联网+"

"互联网+"是把互联网的创新成果与经济社会各领域深度融合,推动技术进步、效率提升和组织变革,提升实体经济创新力和生产力,形成更广泛的以互联网为基础设施和创新要素的经济社会发展新形态。

以前"+互联网"时代,互联网是作为一种工具;而现在"互联网+"时代,互联网是作为一种广泛安装的基础设施,其本质是具有强流动性的数据。实现"互联网+"的过程,也就是以互联网为主的,包括云计算、大数据及大数据技术、移动互联网、物联网等配套技术在内的一整套信息技术在经济、社会、生活各部门扩散、应用,并不断释放出数据流动性的过程。数据只有在流动、分享中才能产生价值[2]。

8.1.2 云计算

云计算是一种分布式的计算模型，一种新兴的共享基础架构的方法。它统一管理大量的计算机、存储设备等物理资源，并通过分布式计算技术将这些资源虚拟化，形成一个大的虚拟化资源池，将海量的计算任务均匀分布在资源池上，使用户能够按照需要动态获取计算力、存储空间和信息服务，而不受物理资源的限制。

云计算包括两个方面的含义：一方面是底层构建的云计算平台基础设施，用来构造上层应用程序的基础；另一方面是构建在这个基础平台之上的云计算应用程序[3]。基于这两个方面含义，云计算可提供基础设施即服务（infrastructure as a service，IaaS）、平台即服务（platform as a service，PaaS）、软件即服务（software as a service，SaaS）三类服务：IaaS 是将硬件设备等基础资源封装成服务提供给用户使用，用于基本的计算和存储；PaaS 提供给用户程序运行的环境，用于软件开发和测试；SaaS 将某些特定应用软件功能封装成服务，使用户不必下载相应的软件即可使用相应的服务[3]。

与传统的单机和网络应用模式相比，云计算为用户带来高可靠性、高扩展性和高性价比。在工程建设项目中，云计算技术可为各类硬件系统、软件系统和公共平台提供计算和存储服务，以此将各参与方用网络连接起来。

8.1.3 大数据

大数据没有统一的定义，但是可以通过描述其特征将其表达。国际数据公司（International Data Corporation，IDC）认为大数据具有 4 个特征，即 volume、variety、velocity 及 value。volume 指大数据包含的数据体量大，一般为 TB 或 PB 级别；variety 指大数据包含的数据类型多样，包括结构化、半结构化及非结构化数据；velocity 指对于大数据的处理分析应足够迅速；value 指通过对大数据的挖掘分析可以得到隐含在数据中的价值。

以上特征都是传统数据所不具备的，因此大数据的处理、分析技术也与传统技术不同，用于处理大数据的技术称为大数据技术。

大数据现已广泛应用于人们日常互联网生活的方方面面，包括网购、网络社交、读新闻、听音乐等活动的背后都有它们的支持。此外，大数据也开始在传统行业，如医疗、能源、通信等中开始被应用。在工程建设项目中，大数据的应用可为项目管理提供高效精确的支持，辅助企业或项目团队做出更合理的决策。现阶段，大数据在建筑行业已有较为广泛的应用[4]。

8.1.4 物联网

物联网通过 RFID、红外感应、全球定位系统、激光扫描等信息传感设备，按照约定的协议，将任何物品与互联网相连接，实现远程管理控制和智能化网络，并基于此网络进行信息交换和通信，实现智能化识别、定位、追踪、监控和管理。

物联网技术目前已在诸多领域得到了广泛的应用。在工程项目管理中，物联网技术可以用于施工现场数据高效的自动化采集和传递，以辅助项目管理。

8.1.5 移动互联网

移动互联网是一种将互联网与移动通信技术相融合，通过智能移动终端，采用移动无线通信方式获取业务和服务的新业态。它包含终端、软件和应用三个层面[5]。终端层包括智能手机、平板电脑等移动通信设备；软件层包括操作系统、数据库等；应用层包括媒体、商务、社交等不同应用与服务，即 app。

移动互联网已经非常普及。在工程建设项目中，移动互联网的应用可以使各参与方的工作人员方便地打破办公室和施工现场的隔阂，实现高效的异地协同工作。

8.2 利用"互联网+"改进 IPD 模式

"互联网+"通过推动技术进步、引发组织变革提升传统行业的效率，以此带动传统行业的转型升级。基于上述项目管理模式演进方法，"互联网+"对工程建设行业的效率提升应着重体现于技术进步方面。具体到项目管理模式，IPD 模式的合同架构及组织架构相比于传统模式已具有一定的先进性，可以看作对工程建设行业中项目管理这一领域小规模的组织变革，无须利用"互联网+"改进；但是"互联网+"可以改进 IPD 模式的技术支撑和实施流程，以此进一步提升 IPD 模式的运作效益。

8.2.1 "互联网+"环境下的 IPD 模式技术支撑

IPD 模式下的项目管理需要基于 BIM 来完成[6]，因为各参与方之间的协同工作需要进行频繁的信息交流，而 BIM 这种集成化的信息库将大大提高信息交流的效率。因此，BIM 技术是 IPD 模式的主要技术支撑。

由于 BIM 技术更多是一种建模、信息整合、提取和利用的工具手段，信息的传递交流并非其所长，因此在"互联网+"环境下，应当形成一套完整的基于 BIM 技术和"互联网+"相关技术的技术架构作为项目管理的技术支撑，以提高项目管理过程中信息获取、采集、处理、传输及应用的效率。在考虑对先进、可行技术充分利用的前提下，笔者提出了一种如图 8.1 所示的技术支撑架构，按照使用范围的不同，可以分为面向企业的技术支撑、面向项目多参与方的技术支撑和面向行业的技术支撑三个层次。

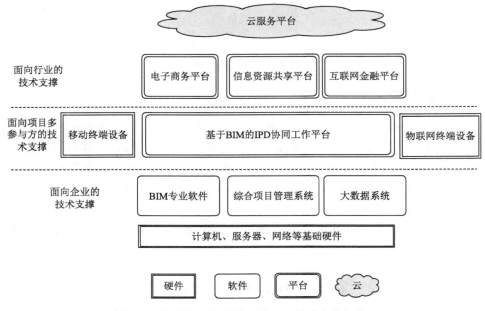

图 8.1 "互联网+"环境下的 IPD 技术支撑架构

　　面向企业的技术支撑为项目各参与方所在企业参与工程建设项目所必需具备的硬件及软件基础，这些硬件和软件由企业自行购买或开发。其中，硬件包括计算机、服务器、网络等基础硬件，软件包括 BIM 专业软件、综合项目管理系统及大数据系统。由于各企业在工程建设项目中的职能和责任不同，因此它们用到的这些技术支撑在功能上也会有所不同。面向项目多参与方的技术支撑为针对一个具体的工程建设项目需要采购或租用的硬件及平台，包括移动终端设备、物联网终端设备及基于 BIM 的 IPD 协同工作平台[7]。这些技术支撑在项目中由各参与方共同使用。面向行业的技术支撑为工程建设领域内各个企业、各个项目都可以使用的一系列平台，包括电子商务平台、互联网金融平台、信息资源共享平台和云服务平台，这些平台一般由第三方负责运维。

　　上述各层次技术支撑中包含的硬件、软件和平台的主要功能如表 8.1 所示。它们之间相互配合，一方面满足项目运作过程中的基本需求；另一方面能够保证各参与方之间信息的高效传递和交流；与此同时，还能够使项目中海量的数据得到共享和循环利用，进而能够发挥出更大的价值。

表 8.1 各层次技术支撑的主要功能

层次	名称	主要功能	类型	来源	使用方
面向企业的技术支撑	计算机等基础硬件	为软件使用、平台访问提供基本条件	硬件	各方单独采购	各参与方
	BIM 专业软件	建立 BIM 模型，基于 BIM 模型完成相应工作	软件	各方单独采购或开发	各参与方
	综合项目管理系统	用于进行项目实施中的各类管理和控制	软件	各方单独采购或开发	各参与方
	大数据系统	用于数据积累，辅助决策	软件	各方单独采购或开发	各参与方
面向项目多参与方的技术支撑	基于 BIM 的 IPD 协同工作平台	为项目各阶段的协同工作提供平台	平台	针对项目采购、租用或开发	各参与方
	移动终端设备	用于施工现场信息查询、问题反馈、信息交流等	硬件	针对项目采购或租用	施工方为主
	物联网终端设备	用于施工现场数据自动采集及传输	硬件	针对项目采购或租用	施工方为主
面向行业的技术支撑	云服务平台	为项目提供云存储和云计算服务	平台	第三方运维	各参与方
	电子商务平台	为选择项目参与方、组建项目团体提供平台	平台	第三方运维	各参与方
	互联网金融平台	为企业或项目提供融资服务	平台	第三方运维	各参与方
	信息资源共享平台	提供大数据信息服务等	平台	第三方运维	各参与方

8.2.2 "互联网+"环境下的 IPD 模式实施流程

如第 4 章 IPD 项目实施模型所述，IPD 项目的实施流程一般分为概念设计、初步设计、施工图设计、施工和项目交付 5 个阶段。在该流程中，项目的主要参与方在早期就被确定，并在各个设计阶段就参与进来，各方运用自身的知识和经验协同完成设计，使得设计成果更加精细合理，能够有效减少施工阶段返工和设计变更出现的概率，从而加快施工进度，节约项目成本。

通过充分利用上述"互联网+"环境下的技术支撑，该实施流程的每个阶段都将获得改进。在概念设计、初步设计和施工图设计等阶段中，新技术支撑架构提供的基于数据的各种软件及平台类服务将取代原有的低效率的面对面的或依赖于文件的协同方式，提高协同设计效率。在施工阶段，新技术支撑架构也能为施工中遇到的各种问题及决策制定提供数据支持及服务。

此外，"互联网+"环境下，在交付阶段，除了传统的交付内容外，还应增加数据交付内容，即项目各参与方将己方在项目中积累的数据整合到甲方的大数据系统中；对一些可共享的项目数据，整合至信息资源共享平台等公共平台中，以供后续重复利用。这样一来，技术支撑架构中的数据流动形成闭环，项目数据得以被循环利用，并在循环过程中不断扩充累积，为项目管理提供越来越丰富、准确的支持。

8.3 新模式总体框架及关键要素

综合 IPD 模式及"互联网+"对 IPD 模式的改进，"互联网+"环境下的项目管理新模式应是以 IPD 为核心交付方法，以 BIM 技术和"互联网+"相关技术作为技术支撑的项目管理模式。该模式的合同架构、组织架构、实施流程、协同工作及技术支撑 5 个关键要素如表 8.2 所示。

表 8.2 新模式各关键要素及先进性

关键要素	内容	先进性
合同架构	多个独立合同/单个多方合同/单一目的实体型合同	确保各方利益目标一致，维持良好的合作关系
组织架构	项目决策委员会、项目管理小组、实施小组三层组织架构，以及 IPD 项目协调员	确保各方横向的合作中，纵向组织分工明确，协同工作有条不紊
实施流程	概念设计、初步设计、施工图设计、施工、项目交付及数据交付 6 个阶段	要求主要参与方均参与设计，保证设计成果精益求精；数据交付使得项目数据可被循环利用
协同工作	应采用末位计划系统、目标价值设计、基于集合的设计等精益建造方法	保证所制订的协同计划具有实操性，设计成果尽可能精益求精
技术支撑	以 BIM 技术及"互联网+"相关技术为基础的一整套技术支撑架构	保证信息整合、提取、利用及传递的准确性及高效性，为协同工作提供有力支持

其中，合同架构、组织架构和协同工作都继承自 IPD 项目实施模型，实施流程及技术支撑利用"互联网+"进行了改进。

8.4 新模式可行性、可操作性及先进性

首先对新模式在制度上的可行性进行说明。新模式的实行同 IPD 模式一样，要求各参与方早期介入，这与当前建筑工程的招投标制度有一定的矛盾，因为其中规定只有完成设计才能进行施工招投标。但是，目前对于企业自持式项目及商业房地产开发项目，建设单位都可以在项目早期直接指定施工方；而通过公开招投标确定社会资本且社会资本中有施工企业参与的特许经营类 PPP 项目，也可以不进行施工招投标而直接确定施工方[8]。毫无疑问，从制度上来说，新模式在这样的项目中均具有可行性。

在可操作性方面，新模式由 IPD 和"互联网+"环境下的技术支撑两部分构

成, 需要分别说明这两部分的可操作性。首先, 针对 IPD 模式, 国外多家机构, 如 AIA 等, 已发布相关指南和标准合同文本, 对 IPD 模式的实施方法进行了充分说明; 此外, 为在我国推广使用 IPD 模式, 笔者也针对我国国情编制了一本团体标准——《建筑工程集成项目交付模式实施规程》。因此, IPD 模式的应用是有据可依的, 可以认为其具有可操作性。其次, 在 "互联网+" 技术支撑方面, 在所提出的技术支撑框架指导下, 笔者针对 IPD 协同工作研发了基于 BIM 的 IPD 协同工作平台。因此, 在 "互联网+" 技术支撑方面, 虽然现阶段我国尚未完全搭建起三层面向项目、企业、行业的技术支撑框架, 但是随着相关研究的推进, 该框架将不断完善并具有可操作性。综合以上两个方面, 随着新模式的推广和技术支撑体系的完善, 新模式的可操作性将会越来越强。

在新模式的先进性方面, 可以与现有的两个层次的项目管理模式进行比较。首先, 新模式与 DBB 等传统项目管理模式相比, 新模式继承并继续发挥 IPD 模式的特点, 能够有效解决传统模式下各参与方目标不统一和设计施工过程割裂、缺乏协同工作这两方面的弊病, 具有先进性。其次, 新模式与 IPD、EPC 等先行的先进模式相比, 其优势主要体现在以下三个方面: ①现行模式仅仅从管理的角度对项目的实施进行约束, 新模式另外提出了较为完备的技术支撑架构, 强调使用技术手段推动项目管理, 提高管理的效率和效益。②在 "互联网+" 大环境下, 新模式更加强调了项目数据在项目管理中的重要性, 主张数据的重复利用, 这特别体现在新模式所提出的在项目交付阶段同时进行数据交付这一概念, 这有利于积累企业大数据和行业大数据, 从而攫取数据的更多价值。③现行模式仅针对单一项目的项目管理, 缺少其他层级对于项目层级的指导; 而新模式在技术支撑架构的牵引下, 能够将项目、企业、行业三个层级的数据打通, 一方面能增强行业和企业对于项目的指导, 另一方面能够将行业内的企业、项目联动起来, 有利于在整体上创造最大价值。

为验证上述新模式技术上的可行性、可操作性和先进性, 最好的方法是将新模式在实际项目中进行应用。但是由于标准、技术支撑尚不完善, 以及牵动面大、需要一个逐步接受的过程等原因, 尚不能在实际项目中对新模式进行应用。考虑新模式的研究为设计科学研究 (design science research), 作为替代方法, 采用专家研讨会进行验证[9]: 邀请了 4 位来自不同单位的行业信息化领域的资深专家召开了专家研讨会, 请他们做出评价。专家基本信息如表 8.3 所示。

表 8.3 专家基本信息

专家	学历	职称	职务	工作年限/年
A	博士研究生	教授、博士生导师	国内某高校教授	37
B	博士研究生	研究员	某大型国有工程企业技术中心副主任	25

专家	学历	职称	职务	工作年限/年
C	硕士研究生	教授级高级工程师	某城建集团工程总承包部总工程师	24
D	硕士研究生	高级工程师	某大型软件厂商研究院院长	20

在专家研讨会上，首先对新模式的演进思路和具体内容进行了详细介绍，接着专家们进行了深入的交流讨论并提出了相关建议，最后给出了如下评价意见：

1）着眼于当前工程项目管理的发展趋势，经充分调研、分析和论证，对"互联网+"环境下项目管理模式进行了研究，提出了以 IPD 为核心，以 BIM 技术和"互联网+"相关技术为支撑的项目管理新模式。

2）新模式具有可行性、可操作性和先进性，对我国现阶段的项目管理模式改进具有参考价值。

本 章 小 结

本章着眼于在"互联网+"大环境下的项目管理，基于 IPD 模式提出了一种新的项目管理模式，并从合同架构、组织架构、实施流程、协同工作和技术支撑 5 个关键要素对该模式做了明确要求。在新模式中，合同架构、组织架构和实施流程能够保证项目的各参与方目标一致，并且主要参与方在设计阶段就参与协同设计的工作，解决传统模式的不足之处；基于精益建造的协同工作要求则能够保证设计成果尽可能精益，以最大程度满足项目目标；基于"互联网+"的技术支撑架构强调相关技术应从不同层面全方位服务于项目管理。

参 考 文 献

[1] 马智亮，李松阳."互联网+"环境下项目管理新模式[J]. 同济大学学报（自然科学版），2018，46(7): 991-995.

[2] 阿里研究院. 互联网+：从 IT 到 DT[M]. 北京：机械工业出版社，2015.

[3] 陈康，郑纬民. 云计算：系统实例与研究现状[J]. 软件学报，2009，20(5): 1337-1348.

[4] 《中国建筑施工行业信息化发展报告》编委会. 中国建筑施工行业信息化发展报告（2018）：大数据应用与发展[M]. 北京：中国建材工业出版社，2018.

[5] 吴吉义，李文娟，黄剑平，等. 移动互联网研究综述[J]. 中国科学：信息科学，2015，45(1): 45-69.

[6] 徐韫玺，王要武，姚兵. 基于 BIM 的建设项目 IPD 协同管理研究[J]. 土木工程学报，2011，44(12): 138-143.

[7] MA Z L, ZHANG D D, LI J L. A dedicated collaboration platform for integrated project delivery [J]. Automation in Construction, 2018, 86: 199-209.

[8] 马智亮，李松阳. IPD 模式在我国 PPP 项目管理中应用的机遇和挑战[J]. 工程管理学报，2017，31(5): 96-100.

[9] PEFFERS K, ROTHENBERGER M, TUUNANEN T, et al. Design science research evaluation [C]//Design Science Research in Information Systems. Advances in Theory and Practice. Berlin Heidelberg：Springer, 2012: 398-410.